鹅规模化高效养殖关键技术

李慧芳　章双杰　薛　明　主编

山东大学出版社

前　言

我国是世界养鹅大国。据 FAO 统计,2017 年我国鹅存栏 3.06 亿只,出栏6.17亿只,占世界总产量的 90％以上。随着生活水平的提高,人们对食品的要求也越来越高。由于鹅采食青绿饲料较多,且很少使用药物,所以在消费者心中,鹅肉已逐步被列为绿色、安全食品,其消费量增长迅速。我国地域辽阔,适宜养鹅的草地、湿地、林地面积较大,且饲草和农副产品资源丰富,这些都有利于养鹅业的发展。随着养鹅业的快速发展,规模化生产已是必然之路,但落后的饲养方式和理念严重制约了养鹅的产业化发展。养殖户必须在选择优良品种的同时,加强管理,提高生产水平,降低生产成本,才能得到发展壮大。

本书通过深入浅出的文字和图片,详细叙述了鹅每个时期的饲养管理操作内容和具体方法,并根据所处不同阶段和饲养条件,重点介绍了饲养管理要点、疾病预防、药物使用和饲料营养调控等知识内容。本书符合切合生产实际的操作指南,所写操作方法尽量简便易行,力求让养殖户能轻松掌握,并能对实际生产起到指导或借鉴作用。

由于水平有限,书中难免存在不妥之处,敬请广大同行、读者批评指正。

目　录

第一章　鹅的特性

要想养好鹅首先要了解鹅，只有了解了鹅的特征特性、消化特点和生活习性，才能进行针对性的管理。管理只有适应其生活规律和生活习性，才能提高生产性能，从而提高养殖效益。

第一节　鹅的外貌特征

一、头部

鹅的头部比其他家禽大，前额高大是其主要特征，且头的形状在不同品种间差异较大。头部包括颅和面两部分。颅部位于眼眶背侧，分头前区、头顶区和头后区。中国鹅起源于鸿雁，在头顶区喙基上部长有呈半球形的肉瘤，肉瘤随年龄增长而增大，公鹅肉瘤比母鹅大，而起源于灰雁的欧洲鹅和我国新疆伊犁鹅一般无肉瘤。面部位于眼眶下方及前方，分上喙区、下喙区、眼下区、颊区和垂皮区。鹅喙由上下颌组成，略扁、宽，成楔形，角质较软，表面覆有蜡膜，下喙有50～80个数量不等的锯齿，舌面乳头发达。有的品种垂皮发达松弛，向颈部延伸，形成咽袋，有少数鹅在下颌处形成肉垂。鹅的肉瘤和喙的颜色分为橘红色和黑色两种。鹅的头部如图1-1所示。

(a)伊犁鹅　　　　(b)中国鹅　　　　(c)欧洲鹅

图 1-1　头部

二、颈部

鹅的颈部较粗长,并有弯曲,可分为颈背区、颈侧区(两侧)和颈腹区。中国鹅颈细长,弯如弓,能挺伸,颈背微曲。欧洲鹅颈较粗短。鹅的颈部如图 1-2 所示。

(a)中国鹅　　　　(b)欧洲鹅

图 1-2　颈部

三、躯干部

除头、颈、翼和后肢,其余身体都属于躯干部。鹅的体躯比其他家禽长而宽,且紧凑结实,呈船形。躯干部可分为背区、腹区和左右两肋区,也可分为背、腰、荐、胸、肋、腹、尾等部分。品种、年龄、性别不同,鹅的体躯大小形态有别。一般大中型鹅体躯颀长,骨架大;小型鹅体躯较小,骨骼细,结构紧凑。有些品种的产蛋母鹅腹部皮肤下垂形成 1～2 个袋状皱褶,称"皮褶"或"腹褶",俗称"蛋窝"或"蛋袋"。鹅的躯干部如图 1-3 所示。

　鹅规模化高效养殖关键技术

(a)中国鹅　　　　(b)欧洲鹅

图 1-3　躯干部

四、翼部

翼部又称"翅部"，分为肩区、臂区、前臂区和掌指区。臂区与前臂区之间有一薄而宽的三角形皮肤褶，即前翼膜。长而宽的后翼膜连接前臂区和掌指区后缘。鹅翼部比其家禽大而有力，少数品种如伊犁鹅还具有一定的飞翔能力。伊犁鹅飞翔场景如图 1-4 所示。

图 1-4　伊犁鹅飞翔场景

五、后肢部

后肢部分为股区、小腿区、蹠区和趾区。鹅腿部粗壮有力，肌肉发达。蹠区和趾区无羽毛覆盖，为角质化鳞片状。蹠区又称"胫部"，公鹅较长，母鹅较短，其长短和粗细品种间差异较大。鹅共有 4 趾，趾端有爪，各趾之间有皮肤褶相连，形成蹼。胫蹼颜色与喙瘤一样，可分为橘红色和黑色两种。鹅的后肢部如图 1-5 所示。

(a)中国鹅　　　　(b)伊犁鹅

图1-5　后肢部

六、羽毛

鹅的体表覆盖羽毛,有白色、灰色两种,按形状结构可分为真羽、绒羽和发羽。颈部由细小羽毛覆盖。翼部的翼羽较长,有主翼羽10根,副翼羽12~14根,主、副翼羽间有1根较短的轴羽。尾部有尾羽,略上翘,公鹅尾部无雄性羽。体躯背腹部和颈的中下部羽毛内层、翅下绒羽着生紧密。鹅体各部位名称如图1-6所示。

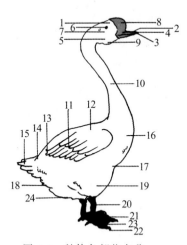

图1-6　鹅体各部位名称

1—头　2—喙　3—喙豆　4—鼻孔　5—脸　6—眼　7—耳　8—肉瘤　9—咽袋　10—颈

11—覆主翼羽　12—背　13—主翼羽　14—覆尾羽　15—尾羽　16—胸　17—腹　18—臀

19—腿　20—胫　21—趾　22—爪　23—蹼　24—腹褶

第二节　鹅的消化特点

一、鹅的消化系统

鹅的消化系统包括消化道和消化腺两部分。消化道由喙、口咽、食道（包括食道膨大部）、胃（腺胃和肌胃）、小肠、大肠和泄殖腔组成；消化腺包括肝脏和胰腺等。鹅的消化系统如图1-7所示。

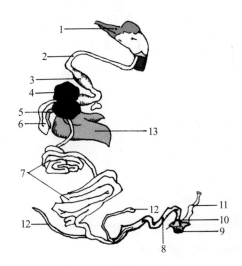

图1-7　鹅的消化系统

1—喙　2—食道　3—食道膨大部　4—肌胃　5—胰腺　6—十二指肠　7—空肠和回肠　8—直肠

9—肛门　10—泄殖腔　11—输卵管　12—盲肠　13—肝

（一）喙

喙即嘴，由上喙和下喙组成，上喙长于下喙，质地坚硬，扁而长，呈凿子状，便于采食草类。喙边缘呈锯齿状，上、下喙的锯齿互相嵌合，在水中觅食时具有滤水保食的作用。

（二）口咽

鹅的口咽是一个整体，没有齿，舌能帮助采食和吞咽。口咽黏膜下有丰富的唾液腺。这些腺体很小，但数量很多，能分泌黏液，有导管开口于口咽的黏膜面。

（三）食道

鹅的食道较宽大，是一条富有弹性的长管，起于口咽腔，与气管并行，略偏于颈的右侧，在胸前口与腺胃相连。鹅无嗉囊，在食道后段形成纺锤形的食道膨大部，功能与嗉囊相似。

（四）胃

鹅的胃由腺胃和肌胃（又称"砂囊"或"肫"）两部分组成。腺胃呈纺锤形，位于左、右肝叶之间的背侧，胃壁黏膜上有许多乳头，乳头虽比鸡的小，但数量较多。腺胃分泌的含有盐酸和胃蛋白酶的胃液通过乳头排到腺胃腔中。肌胃呈扁圆形，位于腺胃后方，胃壁由厚而坚实的肌肉构成。两块特别厚的叫"侧肌"，位于背侧和腹侧；两块较薄的叫"中间肌"，位于前部和后部。背腹面各肌肉连接处有一厚而致密的中央腱膜，称"腱镜"。肌胃内有1层坚韧的黄色类角质膜保护胃壁。肌胃腔内有较多的砂砾，对食物起研磨作用。鹅肌胃的收缩力很强，是鸡的3倍、鸭的2倍。

（五）小肠

鹅的小肠粗细均匀，肠系膜宽大，并分布大量的血管形成网状。小肠又可分为十二指肠、空肠和回肠。

十二指肠开始于肌胃幽门口，在右侧腹壁形成一长袢，由一降支和一升支组成，胰腺夹在其中。十二指肠有胆管和胰管的开口，以此为界向后延伸为空肠。空肠较长，形成5～8圈长袢，由肠系膜悬挂于腹腔顶壁，空肠和回肠交界处有一盲突状卵黄囊憩室，是胚胎期间卵黄囊柄的遗迹。小肠的肠壁由黏膜层、肌层和浆膜层3层构成。除十二指肠外，黏膜内有很多肠腺，分泌含有消化酶的肠液。小肠黏膜上有肠绒毛，但无中央乳糜管。肌壁的肌层由两层平滑肌构成。浆膜是一层结缔组织。

（六）大肠

大肠由一对盲肠和一条短而直的直肠构成。鹅没有结肠。盲肠呈盲管状，盲端游离，具有一定的消化粗纤维的作用。距大、小肠连接约

1 cm米处的盲肠壁上有一膨大部,由位于盲肠内的大量淋巴结组成,称"盲肠扁桃体"。

(七)泄殖腔

泄殖腔略呈球形,内腔面有 3 个横向的环形黏膜褶,将泄殖腔分为 3 部分:前部为粪道,与直肠相通;中部为泄殖道,输尿管、输精管或输卵管开口在这里;后部为肛道,直通肛门,肛道壁内有肛腺,分泌黏液,背侧壁还有腔上囊(法氏囊)开口。

(八)肝脏

肝脏是鹅体内最大的腺体,呈黄褐色或暗红色,分左、右两叶,各有 1 个肝门。右叶有一胆囊,右叶分泌的胆汁先储存于胆囊中,然后通过胆管开口于十二指肠。左叶分泌的胆汁从肝管直接进入十二指肠。

(九)胰腺

胰腺是长条形、淡粉色的腺体,位于十二指肠的肠袢内,分背叶、腹叶和脾叶 3 部分。胰腺实质分为外分泌部和内分泌部。外分泌部分泌的胰液经 2 条开口于十二指肠末端的导管进入十二指肠腔而消化食物。内分泌部称"胰岛",呈团块状分布于胰腺腺泡中,分泌胰岛素等激素,随静脉血循环。

二、鹅的消化生理

饲料由喙采食,通过消化道直至排出泄殖腔。在各段消化道中,消化程度和侧重点各不相同,如肌胃是机械消化的主要部位,小肠以化学消化和养分吸收为主,而微生物消化主要发生在盲肠。鹅是草食为主的家禽,在消化上有其特点。

(一)胃前消化

鹅的胃前消化比较简单,食物入口后不经咀嚼,被唾液稍微润湿,即借舌的帮助而迅速吞咽。鹅的唾液中含有少量淀粉酶,有一定的分解淀粉作用。食物储存于食管膨大部中,由微生物和食物本身的酶对其部分分解。

（二）胃内消化

1.腺胃消化

腺胃分泌的消化液（即胃液）含有盐酸和胃蛋白酶，不含淀粉酶、脂肪酶和纤维素酶。腺胃中的蛋白酶能对食糜起初步的消化作用，但因腺胃体积小，食糜在其中停留时间短，胃液的消化作用主要是在肌胃中作用而不是在腺胃中作用。

2.肌胃消化

肌胃很大，肌胃率（肌胃重除以体重的百分率）约为 5%，高于鸡（1.65%），而鹅的肌胃容积与体重的比例仅是鸡的一半，表明鹅的肌胃肌肉紧密厚实。同时，肌胃内的砂砾在肌胃强有力地收缩下，可以磨碎粗硬的饲料。

在机械消化的同时，来自腺胃的胃液借助肌胃的运动得以与食糜充分混合，胃液中的盐酸和蛋白酶协同作用，把蛋白质初步分解为蛋白胨、蛋白胨及少量的肽和氨基酸。

肌胃对水和无机盐有少量的吸收作用。

（三）小肠消化

鹅与其他畜禽相似，小肠消化主要靠胰液、胆汁和肠液的化学性消化作用，其中在空肠段的消化最为重要。

胰液和肠液含有胰淀粉酶、胰蛋白酶、肠肽酶、胰脂肪酶、肠脂肪酶等多种消化酶，能使食糜中的蛋白质、糖类（淀粉和糖原）、脂肪逐步分解，最终成为氨基酸、单糖、脂肪酸等。而肝脏分泌的胆汁则主要促进对脂肪及水溶性维生素的消化吸收。此外，小肠运动也对消化吸收有一定的辅助作用。小肠的逆蠕动能使食糜往返运行，增加在肠内的停留时间，便于食物更好地被消化吸收。

经过消化的养分绝大部分在小肠中被吸收。食物经消化成为可吸收的养分，通过肠黏膜绒毛丰富的毛细血管吸收入血液，进入肝脏储存或送往身体各部。

（四）大肠消化

大肠由盲肠和直肠构成。盲肠是纤维素的消化场所，除食糜中带来的消化酶对盲肠消化起一定作用外，盲肠消化主要是依靠栖居在盲肠的微生物的发酵作用。盲肠中有大量的细菌，1 g 盲肠内容物的细菌数有 10 亿个左右，最主要的是严格厌氧的革兰染色阴性菌。这些细菌能将粗纤维发酵，最终产生挥发性脂肪酸、氨、胺类和乳酸。同时，盲肠内的细菌还能合成 B 族维生素和维生素 K。盲肠能吸收部分营养物质，特别是对挥发性脂肪酸的吸收有较大实际意义。

直肠很短，食糜停留时间也很短，消化作用不大，主要是吸收一部分水分和盐类，形成粪便，排入泄殖腔，与尿液混合排出体外。

三、鹅消化特点的利用

青饲料是鹅主要的营养来源，甚至鹅完全依赖青饲料也能很好地生存。鹅之所以能单靠吃草而活，主要是依靠肌胃强有力的机械消化、小肠对非粗纤维成分的化学性消化及盲肠对粗纤维的微生物消化三者协同作用的结果。与鸡、鸭相比，虽然鹅的盲肠微生物能更好地消化利用粗纤维，但由于盲肠内的食糜量很少，而盲肠又处于消化道的后端，很多食糜并不经过盲肠。因此，粗纤维的营养意义不如想象中的那样重要。许多研究表明，只有当饲料品质十分低劣时，盲肠对粗纤维的消化才有较重要的意义。事实上，鹅是依赖频繁采食、采食量大而获得大量养分的。农谚"家无万石粮，莫饲长颈项""鹅者饿也，肠直便粪，常食难饱"反映了这一消化特点。因此，在制订鹅饲料配方和饲养规程时，可采取降低饲料质量（营养浓度），增加饲喂次数和饲喂数量，来适应鹅的消化特点，以提高经济效益。

第三节　鹅的繁殖特性

一、母鹅的生殖系统

母鹅的生殖系统和绝大多数禽类一样,也只有左侧的发育完全,右侧的虽在胚胎时期曾经出现过,但随后退化。生殖系统包括卵巢和输卵管两大部分。

(一)卵巢

卵巢位于左肾前叶的下方,借卵巢系膜固定于腹腔顶壁,同时又以腹膜褶与输卵管相连。卵巢分为皮质部和髓质部。皮质部在外层,含有大量不同发育阶段的各级卵泡,突出于表面,大小不等,呈一串葡萄状,大的肉眼可见。髓质部在皮质部内,具有丰富的血管。到产蛋期,卵泡开始发育,逐渐积聚卵黄而增大,逐次成熟。成熟的卵泡(蛋黄)以卵泡柄与卵巢相连,并全部突出于卵巢表面,直径可达 5 cm。

卵巢还合成和分泌性激素,维持母鹅生殖系统的发育,促进排卵,调节生殖功能。

(二)输卵管

输卵管是一条长而弯曲的管道,从卵巢向后一直延伸到泄殖腔,按其形态和功能,可分 5 段:漏斗部、蛋白分泌部、峡部、子宫部和阴道部。漏斗部边缘呈不整齐的指状突起,叫"输卵管伞"。当卵巢排卵时,它将卵卷入输卵管中。漏斗颈有管状腺,可储存精子,卵子在此受精。蛋白分泌部又叫"膨大部",是输卵管最曲、最长的部分,黏膜内有大量的分支管状腺体分泌蛋白和盐类,形成蛋白。卵子下移,通过旋转和运动,形成蛋白的浓稀层次。蛋白内层黏蛋白纤维受机械扭转和分离形成卵黄系带。峡部细而短,黏膜内的腺体分泌一部分蛋白和形成纤维性内外壳膜。子宫部是输卵管最膨大的部分,肌层较厚,黏膜内的腺体分泌钙质、色素和角质层,形成蛋壳。阴道部是输卵管末段,呈"S"形,开口于泄殖腔的左侧。它分泌的黏液形成蛋壳表面的保护膜。阴道肌层收缩时将蛋排出体外。

二、公鹅的生殖系统

公鹅的生殖系统包括两侧的睾丸、附睾、输精管和阴茎。

睾丸呈椭圆形,以1片短的睾丸系膜悬挂在肾前叶的前下方。睾丸外面被覆一层白膜,内为实质,由许多弯曲的精细管构成,性成熟时在精细管内形成精子。精细管之间分散着间质细胞,产生雄激素,以维持性功能。

鹅的附睾不很明显,主要由睾丸输出管盘曲构成,最后汇成很短的附睾管。

输精管由附睾管延续而来,与输尿管基本平行向前延伸,末端稍膨大形成储精囊,开口于泄殖腔内的具有勃起性能的输精管乳头(阴茎)上。输精管既是精子通过的管道,又是分泌液体成分和主要储存精子的地方。

阴茎是鹅的交配器官,与其他家禽比,较发达,位于泄殖腔肛道底壁的左侧,回缩时阴茎在基部形成球状,勃起时基部胀大而填塞整个肛道,游离部呈螺旋状,伸出长达 5 cm 以上。阴茎表面有一螺旋状的射精沟,勃起时边缘闭合而形成管状,可将精液输入母鹅生殖道内。

三、鹅繁殖性能的特点

(一)季节性

鹅繁殖存在明显的季节性,绝大多数品种在气温升高、日照延长的6～9月间,卵黄生长和排卵都停止,接着卵巢萎缩,进入休产期,一直至秋末天气转凉时才开产;主要产蛋期在冬春两季,即9～10月开始至次年4～5月结束。

(二)就巢性(抱性)

我国鹅种的就巢性一般很强,除四川白鹅、太湖鹅、豁眼鹅、籽鹅等品种外,绝大多数大中型鹅种及部分小型鹅种都有懒抱性。在一个繁殖周期内,每产一窝蛋(8~12个)后就要停产抱窝,直至小鹅孵出。

(三)择偶性

在小群饲养时,每只公鹅常与几只固定的母鹅配种,当重新组群后,公鹅与不熟识的母鹅互相分离,互不交配,这在年龄较大的种鹅中更为突出。在不同个体、品种、年龄和群体之间都有选择性,这一特性严重影响受精率。因此,组群要早,让它们年轻时就生活在一起,产生"感情",形成默契,以提高受精率。但不同品种择偶性的严格程度是有差异的。大群饲养则择偶性下降。

(四)迟熟性

鹅是长寿动物,成熟期和利用年限都比较长。中小型鹅的性成熟期一般为6~8个月,大型鹅种则更长。母鹅利用年限一般可达5年左右,公鹅也可以利用3年以上。

第四节　鹅的生活习性

鹅的驯化程度比鸡、鸭低,有些生活习性与鸿雁相似,熟悉鹅的生活习性,才能有针对性地做好饲养管理工作。

一、喜水性

鹅喜欢在水中觅食、嬉戏和求偶交配。鹅只有在休息和产蛋的时候,才回到陆地上。因此,宽阔的水域、良好的水源是养好鹅的重要环境条件。对于采取舍饲方式饲养的种鹅或仔鹅,最好也要设置一些人工小水池,以供鹅洗浴及种鹅交配之用。规模化饲养的商品仔鹅虽然喜水,但仍可实现全程旱养。

二、合群性

鹅有很强的合群性,相互间也不喜殴斗。因此,这种合群性使鹅适于大群放牧饲养和圈养,管理也较容易。

三、耐寒、怕暑性

鹅全身覆盖羽毛,这些羽毛起着隔热保温的作用,且鹅的皮下脂肪较厚,因而具有很强的耐寒性。鹅的尾脂腺发达,尾脂腺分泌物中含有脂肪、卵磷脂、高级醇。鹅在梳理羽毛时,经常压迫尾脂腺,挤出分泌物,再用喙涂擦全身羽毛,来润泽羽毛,使羽毛不被水所浸湿,起到防水御寒的作用。在炎热的夏季,鹅比较怕热,喜欢泡在水里,或在树阴下休息,觅食时间缩短,采食量下降,产蛋量下降或停产。

四、喜食草,觅食力强

鹅可利用的饲料品种比其他家禽广,觅食力强,能采食各种精饲料、粗饲料和青绿饲料,同时还善于觅食水生植物。由于鹅的味觉并不发达,对饲料的适口性要求不高,对凡是无酸败和异味的饲料都会无选择地大口吞咽。鹅的食道容积大,能容纳较多的食物,肌胃强而有力,可借助砂砾较快地磨碎饲料。雏鹅对异物和食物无辨别能力,常常把异物当成饲料吞食,因此,对育雏期的管理要求较高,垫草不宜过碎。

五、敏感性

鹅较性急、胆小,容易受惊而高声鸣叫,导致互相挤压和践踏。因此,要尽可能保持鹅舍的安静,以免因惊恐而致使鹅互相践踏,造成损失。人接近鹅群时,也要事先发出鹅熟悉的声音,以免鹅骤然受惊而影响采食或产蛋。同时,也要防止猫、狗、老鼠等动物进入圈舍。

六、夜间产蛋性

禽类大多数都是白天产蛋,而鹅是夜间产蛋,一般集中在凌晨,这一特性为种鹅的白天放牧提供了方便。产蛋窝不足会导致部分鹅推迟产蛋时间,因此,鹅舍内窝位要充足,垫草要定期更换。

七、生活的节率性

鹅具有良好的条件反射能力,活动节奏表现出极有规律性。如在放牧饲养时,一日之中的放牧、收牧、交配、采食、洗羽、歇息、产蛋都有比较固定的时间。而且每只鹅的这种生活节奏一经形成便不易改变。如原来日喂 4 次的,突然改为 3 次,鹅会很不习惯,并会在原来喂 4 次的时候,自动群集鸣叫、骚乱;如原来的产蛋窝被移动后,鹅会拒绝产蛋或随地产蛋;如早晨放牧过早,有的种鹅还未产蛋即跟着出牧,当到产蛋时这些鹅会急急忙忙赶回自己的窝内产蛋。因此,一经制定的操作管理日程不要轻易改变。

八、摄食性

鹅喙呈扁平铲状,进食时不像鸡那样啄食,而是铲食,铲进一口后,抬头吞下,然后再重复上述动作,一口一口地进行。这就要求补饲时,食槽要有一定高度,平底,且有一定宽度。放牧采食以摄食方式为主。鹅没有鸡那样的嗉囊,每天鹅必须有足够的采食次数,以防止饥饿,每间隔 2 h 需采食 1 次,小鹅就更短一些,每天必须在 7～8 次以上,特别是夜间的补饲更为重要。

第二章 鹅的品种

第一节 现代鹅分类

一、按体重分类

鹅按体重大小分大型、中型和小型。大型品种鹅:公鹅体重为10~12 kg,母鹅为6~10 kg,如狮头鹅和图卢兹鹅。中型品种鹅:公鹅体重为5.1~6.5 kg,母鹅为4.4~5.5 kg,如浙东白鹅和莱茵鹅。小型品种鹅:公鹅体重为3.7~5 kg,母鹅为3.1~4.0 kg,如豁眼鹅和太湖鹅。

二、按经济用途分类

根据人们对鹅产品的需要和鹅品种自身的特点,可将鹅分为肉用和肝用两类。为此开展的相关专门化品系选育取得了较大的进步,已经选育出了肉用品种(如莱茵鹅和白罗曼鹅等)和用于肥肝生产的专用品种(如朗德鹅)。我国地方鹅种以肉用为主,部分品种在部分地区兼有绒用和蛋用功能。

三、其他分类

(一)按羽毛颜色分类

按羽毛颜色不同,鹅分白鹅和灰鹅两大类。我国北方以白鹅为主,南方灰白品种均有,但白鹅多数带有灰斑,有的同一品种中存在灰鹅、白鹅两系,如溆浦鹅、武冈铜鹅和云南鹅等。广东等地区因喜食灰鹅,故而灰鹅饲养量大,而北方地区因兼顾绒用,故而白鹅饲养量较大。

(二)按地理特征分类

以往对鹅的品种,多从地理环境分布分类,如中国鹅、法国图鲁兹鹅、英国埃姆登鹅、埃及鹅、加拿大鹅、东南欧鹅、德国鹅等,这仅是世界上部分国家鹅种中的一些代表品种,其性状具有一定的代表性。中国鹅就包括众多的地方品种,各品种均有自身的特点,但也有很多相似性状。

(三)按产蛋性能的高低分类

不同品种鹅的产蛋性能差异很大。高产品种年产蛋高达 80～120 个,如豁眼鹅、籽鹅和百子鹅。中产品种年产蛋 60～80 个,如太湖鹅和四川白鹅。低产品种年产蛋 25～40 个,如狮头鹅、浙东白鹅、皖西白鹅等。

(四)按性成熟早晚分类

根据性成熟日龄可分早熟型、中熟型和晚熟型。早熟型为开产期在 150～180 日龄的小型和部分中型鹅种,如太湖鹅和浙东白鹅等;中熟型为开产期在 180～200 日龄的中型鹅种,如四川白鹅等;晚熟型为开产期在 200 日龄以上的大、中型鹅种,如狮头鹅和皖西白鹅等。

第二节 优良鹅品种生产性能

一、国内地方鹅种

(一)狮头鹅

狮头鹅(见图 2-1)原产于广东省饶平县,属大型鹅种,是世界上 3 个大型鹅种之一。头大颈粗,背部羽毛及翼羽呈棕色,胸、腹部羽毛呈白色或灰白色。肉瘤较大,呈黑色。成年公鹅左、右颊侧各有一对大小对称的黑色肉瘤。喙短,呈黑色。额下咽袋发达。有腹褶。胫、蹼呈橘红色,有黑斑。产地现已从原有鹅群中分离出白羽系,其体形、体重与灰羽鹅相似。

成年鹅平均体重,公 8.3 kg,母 7.5 kg。开产日龄 235 天,年产蛋数 26～29 个,蛋重 212 g,就巢性强。肉鹅 10 周龄体重,公 6.2 kg,母 5.3 kg。

图 2-1　狮头鹅

(二)浙东白鹅

浙东白鹅(见图 2-2)原产于浙江省浙东地区,属中型鹅种。全身羽毛呈白色。公鹅肉瘤高突;母鹅颈细长,腹部大而下垂。喙、肉瘤、胫、蹼呈橘黄色。

成年鹅平均体重,公 6 kg,母 4.7 kg。开产日龄 130～150 天,年产蛋数 28～40 个,蛋重 162 g,就巢性强。肉鹅 9 周龄体重,公 4.88 kg,母 3.84 kg。

图 2-2　浙东白鹅

（三）皖西白鹅

皖西白鹅（见图 2-3）原产于安徽省六安市和河南省固始一带，属中型鹅种。全身羽毛洁白。肉瘤呈橘黄色，圆而光滑，无皱褶，喙呈橘黄色。胫、蹼呈橘红色。公鹅肉瘤大，母鹅有腹褶。

成年鹅体重，公 6.5 kg，母 5.5 kg。开产日龄 185～210 天，年产蛋数 22～25 个，蛋重 140～170 g，就巢性强。肉鹅 60 日龄体重，公 3.66 kg，母 3.41 kg。

图 2-3　皖西白鹅

（四）四川白鹅

四川白鹅（见图 2-4）原产于四川、重庆的平坝和丘陵水稻产区，属中型鹅种。全身羽毛呈白色。公鹅体形稍大，额部有半圆形的肉瘤，颌下咽袋不明显。母鹅体形稍小，肉瘤不明显，无咽袋，腹部稍下垂，少数有腹褶。喙、胫、蹼呈橘黄色。

成年鹅体重，公 4.5 kg，母 4 kg。开产日龄 200～240 天，年

图 2-4　四川白鹅

产蛋数 60~80 个,蛋重 146 g,无就巢性。肉鹅 10 周龄体重,公 3.5 kg,母 3 kg。

(五)马冈鹅

马冈鹅(见图 2-5)原产于广东省开平市马冈镇,属中型鹅种。头、背、翼羽呈灰黑色,颈背有一条黑色鬃状羽带,胸羽呈灰棕色,腹羽呈白色。喙、肉瘤、胫、蹼均呈黑色。

成年鹅体重,公 4.5 kg,母 3.5 kg。开产日龄 140~150 天,年产蛋数 34~37 个,蛋重 148 g,就巢性强。肉鹅 10 周龄体重,公 4.18 kg,母 3.62 kg。

图 2-5　马冈鹅

(六)豁眼鹅

豁眼鹅(见图 2-6)原产于山东省烟台市的莱阳地区和辽宁省昌图县,属小型鹅种。全身羽毛呈白色。肉瘤呈黄色。喙呈橘黄色。颌下偶有咽袋,典型特征是眼睑为三角形,上眼睑有豁口,胫、蹼呈橘黄色。

成年鹅体重,公 4.1 kg,母 3.7 kg。开产日龄 190 天,年产蛋数 80~120 个,蛋重 130 g,无就巢性。肉鹅 10 周龄公母平均体重 3.08 kg。

图 2-6　豁眼鹅

(七)籽鹅

籽鹅(见图 2-7)原产于黑龙江省绥化市和松花江地区,属小型鹅种。全身羽毛呈白色。肉瘤较小,呈橙黄色。喙、胫、蹼均呈橙黄色。

成年鹅平均体重,公 4 kg,母 3.5 kg。开产日龄 180 天,年产蛋数 80～120 个,蛋重 133 g,无就巢性。肉鹅 10 周龄公母平均体重 2.77 kg。

图 2-7　籽鹅

(八)太湖鹅

太湖鹅(见图 2-8)原产于江苏、浙江的太湖流域,属小型鹅种。全身羽毛呈白色,部分鹅在眼梢、头顶部、腰背部出现少量灰褐色羽毛。肉瘤呈淡黄色,喙、胫、蹼呈橘红色。公鹅肉瘤大而突出,大部分母鹅有腹褶。

成年鹅体重,公 3.6 kg,母 3.2 kg。开产日龄 180～200 天,年产蛋数 60～90 个,蛋重 135～142 g,无就巢性。肉鹅 10 周龄公母平均体重 2.71 kg。

图 2-8　太湖鹅

二、国外引进品种

(一)莱茵鹅

莱茵鹅(见图 2-9)原产于德国的莱茵州,在欧洲大陆分布很广,产蛋量较高,属中型鹅种。我国在 20 世纪 80 年代末引入该品种。全身羽毛呈白色,喙、胫与蹼均为橘黄色。初生雏鹅绒毛灰白色,随日龄增长,毛色逐渐变浅,至 6 周龄时全身都是白色羽毛。莱茵鹅的体形与中国鹅有明显不同,它具有欧洲鹅的体态特征,前额肉瘤小而不明显,

图 2-9　莱茵鹅

喙尖而短,颈较粗短,背宽胸深,身躯呈长方形,当站立或行走时,体躯与地面几乎成平行状态,与中国鹅昂首挺胸的姿态截然不同。

成年公鹅体重 5～6 kg,母鹅 4.5～5 kg。开产日龄 210～240 天,年产蛋数 50～60 个,蛋重 150～190 g,公母配种比例为 1:(3～4),种用期为 4 年,种蛋受精率 75% 左右,受精蛋孵化率为 80%～85%。肉鹅 8 周龄公母平均体重 4～4.5 kg。

(二)朗德鹅

朗德鹅(见图 2-10)原产于法国西南部靠比斯开湾的朗德省,是世界著名的肥肝专用品种,属中型鹅种。毛色灰褐,颈部、背部接近黑色,胸部毛色较浅,呈银灰色,腹下部则呈白色,也有部分白羽个体或灰白色个体。通常情况下,灰羽毛较松,白羽毛较紧贴。喙、胫、蹼呈橘黄色。

成年公鹅体重 7～8 kg,母鹅 6～7 kg。开产日龄 210 天,年产蛋数 30～40 个,蛋重 160～200 g。仔鹅 8 周龄公母平均体重 4.5 kg 左右,肉用仔鹅经填肥后重达 10～11 kg。肥肝均重 700～800 g。

图 2-10　朗德鹅

(三)白罗曼鹅

白罗曼鹅(见图 2-11)原产于意大利,属中型鹅种。经我国台湾地区引进和培育并成为其主要的肉鹅生产品种。全身羽毛呈白色,虹彩蓝色,喙、胫、蹼均呈橘红色。其体形明显的特点是"圆",颈短,背短,体躯短。

成年公鹅体重 7～8 kg,母鹅 6～7 kg。年产蛋数 40～45 个,受精率 82%以上,孵化率 80%以上。肉鹅 10 周龄公母平均体重 4.5～5 kg。

图 2-11　白罗曼鹅

(四)丽佳鹅

丽佳鹅(见图 2-12)原产于丹麦,属中型鹅种。全身羽毛呈白色,无肉瘤,虹彩蓝色,喙、胫、蹼均呈橘红色。

成年公鹅体重 7～8 kg,母鹅 6～7 kg。年产蛋数 40～45 个,受精率 85%～90%,孵化率 80%以上。肉鹅 10 周龄公母平均体重 4～4.5 kg。

图 2-12　丽佳鹅

三、培育品种

(一)扬州鹅

扬州鹅(见图 2-13)是由扬州大学和扬州市农业局共同培育的新品种,属中型鹅种。全身羽毛呈白色,偶见在眼梢或腰背部呈少量灰黑色羽毛个体。肉瘤呈橘黄色,喙、胫、蹼呈淡橘红色。公鹅肉瘤大于母鹅。

成年鹅体重,公 5.2 kg,母 4.2 kg。开产日龄 185~200 天,年产蛋数 65~75 个,蛋重 140 g,无就巢性。肉鹅 10 周龄公母平均体重3.62 kg。

图 2-13　扬州鹅

(二)天府肉鹅

天府肉鹅(见图 2-14)是由四川农业大学家禽育种试验场培育的肉鹅配套系。母系母鹅全身羽毛呈白色,喙呈橘黄色,头清秀,颈细长,肉瘤不太明显。父系公鹅体形中等偏大,额上无肉瘤,颈粗短,成年时全身羽毛洁白,初生雏鹅和商品代雏鹅头、颈、背部羽毛为灰褐色,从 2~6 周龄逐渐转为白色。

成年体重,父系公鹅 5.4 kg,母系母鹅 4 kg。开产日龄 200~210天,年产蛋数 85~90 个,蛋重 140 g,无就巢性。商品代肉鹅 10 周龄公母平均体重 3.92 kg。

图 2-14　天府肉鹅

四、杂交利用

生产中常见杂交利用模式是以产蛋量高的鹅种作为母本,如四川白鹅、太湖鹅、豁眼鹅、籽鹅等,以生长速度快的鹅种作为父本,如莱茵鹅、浙东白鹅、皖西白鹅、狮头鹅等,这样既达到提高商品代生长速度的目的,又减少了制种成本,长白鹅(见图 2-15)便是这种类型。

图 2-15　长白鹅

第三章 鹅场的建设

第一节 鹅场的选址与布局

一、场址的选择

场址的选择是否合理，对鹅群的生产性能、健康状况、生产效率、经济效益等都有巨大的影响。因此，必须按照建场的原则要求，并根据实际条件，在对所处的自然条件进行调查研究和综合分析的基础上，进行规划。自然条件包括地势地形、水源水质、土壤、气候、电源、交通、防疫、青绿饲料供应和放牧条件诸因素。

（一）地势地形

鹅场应选择地势高，向阳背风，朝南或朝东南方向，最好有一定坡度的地方，以利于光照、通风和排水。地形要开阔整齐，场地不要过于狭长或边角太多，应充分利用林地、草地和河沟等作为天然屏障，场地内阳光必须充足。在山坡、丘陵一带建场，可建在南坡上，但坡度不要过大。鹅场切忌建在低洼潮湿之处，因潮湿的环境易促进病原微生物滋生繁殖，使鹅群发生疫病。但也不应该建在山顶和高坡上，因高处风大，不易保温。

（二）水源水质

1.水源要求

鹅场必须有充足的水源,且应符合下列要求:

(1)水量要充足:既要能满足鹅场内的人、鹅用水和其他生产、生活用水,还要能满足鹅的放牧、洗浴等所需用水。

(2)水质要良好:不经处理即能符合饮用标准的水最理想。最好请有关部门对水质进行化验,了解水的酸碱度、硬度、有无污染源和重金属物质等,确保水质的清洁卫生。

(3)水源要便于保护:保证水源经常处于清洁状态,不受周围环境的污染。

(4)取用要方便:取水设备应投资少,处理技术简便易行。

2.鹅场采用的水源分类

(1)地面水:地面水一般来源(包括江、河、湖、塘及水库等)广、水量足,又因为本身有较好的自净能力,所以是养鹅最广泛使用的水源。使用时要注意防污,供饮用的地面水一般应进行人工净化和消毒处理。

(2)地下水:地下水由降水和地面水经过地层的渗滤蓄积而成。这种水源受污染机会较少,故较洁净,但要注意水中的矿物质含量,防止含有矿物性毒物。使用时可采用建造人工水池来节约用水。

(3)自来水:在城镇居民比较集中的地方一般均使用自来水,其水质、水量可靠,使用方便,是鹅场的理想用水。但相对成本较高,一般用于鹅的饮用水和人的生活用水。

（三）土壤

鹅场的土质最好是含石灰和沙壤土的土质。这种土壤排水良好,导热性较小,微生物不易繁殖,合乎卫生要求。

（四）气候

要对建场地区的全年平均气温、最高最低气温、降雨量、最大风力、常年主导风向、常处主导风向、日照等气象因素有一个综合了解。气温资料对房舍隔热材料的选择,对鹅场日常管理工作的安排,对鹅舍朝向、防寒、遮阴设施的设计均有意义。风向风力对确定鹅舍的方位朝向,鹅舍排列距离、次序有着重要作用。

（五）电源

鹅场育雏、鹅舍照明、降温、饲料加工都要用到电。经常停电对鹅场的生产影响很大。因此，电源必须可靠，而且电量能满足生产需要。在经常停电的地区，鹅场需要自备发电机，以防停电，保证生产、生活的正常运行。

（六）交通

鹅场的饲料、产品及物资均需要大量的运输能力，所以鹅场所处位置要交通方便，道路平坦，但又不可离公路的主干线过近，最少要距离1000 m以上，然后又要接近次要公路，一般距离以100～150 m为宜。

（七）防疫

鹅场的环境及防疫条件好坏是影响日后饲养成败的关键因素。鹅场应选在居民点的下风处，与居民点之间的距离应保持在500 m以上。距离化工厂、屠宰场、农贸市场和其他畜禽场应在1000 m以上。鹅场周围的自然环境应较为清净，远离噪声工厂。

（八）青绿饲料供应和放牧条件

鹅是草食家禽，所以必须有大量的青绿饲料供应，或有足够的放牧草地。缺乏天然草地的养鹅场，应根据实际需要进行人工栽培牧草。

二、鹅场的布局

鹅场布局是否合理，是养鹅成败的关键条件之一。无论是中小规模的鹅场，还是大规模的鹅场，不管建筑物种类和数量的多与少，都必须合理布局，才能有利于生产。

（一）鹅场总体布局的原则

(1)分区隔离。根据主导风向、地势及不同年龄的鹅群等，确定各区位置及顺序。生产区与行政管理区和生活区要分开。

(2)净道与污道要分开。净道是运送生产原料、饲料和鹅蛋的道路；污道是运送鹅粪、病死鹅、淘汰鹅和其他废物的道路。净道要求相对比较卫生,故不能与污道同道或交叉,否则不利于疫病防控。

（3）各区间和鹅舍间要有适宜的间距,以利于通风和防疫。

（4）鹅舍的建设应根据自身实际条件,尽可能做到便于管理,并充分考虑饲养作业流程的合理性,以便于防疫、经济实用、节约基建投资,有利于劳动效率的提高。

（二）各区的具体布局

鹅场通常分为生产区、辅助生产区、行政管理区、生活区等。鹅场各个区的布局不仅要考虑人员和生活场所的环境保护,尽量减少饲料粉尘、粪便气味和其他废物的影响,还要考虑鹅群的防疫卫生,尽量杜绝污染物对鹅群环境的污染。另外,要考虑地势和风向安排,依地势高低和主导风向将各种房舍从防疫角度给予合理排列。种鹅场布局如图 3-1 所示。

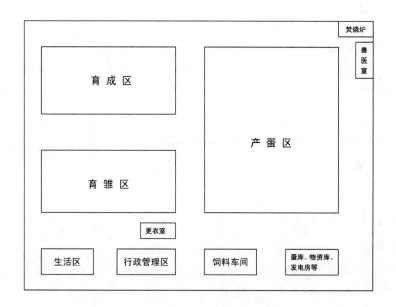

图 3-1　种鹅场布局

1.生产区

根据主导风向,按育雏舍、育成舍等顺序排列,即育雏舍在上风处,这样幼雏可获得新鲜空气,降低发病率。各幢鹅舍间应有 15～20 m 的间距,以利通风和防疫。鹅场风向要求如图 3-2 所示。

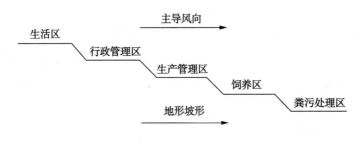

图 3-2　鹅场风向要求

2.辅助生产区

辅助生产区包括饲料加工车间、兽医室等。辅助生产区与生产区日常管理密切相关,应接近生产区。饲料加工车间的成品仓库的出口朝向生产区,与生产区间有隔离消毒池。兽医室应设在生产区一角,只对区内开门。为便于病、死鹅处理,兽医室通常设在下风处。

3.行政管理区

行政管理区包括门卫传达室、办公室、财务室、进场消毒室等,应设在与生产区风向上方或平行的另一侧,距离生产区有一定的距离,以便于防疫。

4.生活区

生活区主要是指饲养员的生活场所,包括宿舍、食堂、洗澡房、值班房、配电房、水泵室和厕所等。从防疫的角度出发,生活区和生产区应保持一定的距离,同时限制外来人员进入。

5.道路

鹅场的道路分为净道和污道。为了保证净道不受污染,净道末端是鹅舍,不能和污道相通。净道和污道应以草坪或林带相隔。

6.鹅场的绿化

鹅场内种牧草,外墙周围可种植带刺的花木,以起到篱笆的作用,防止人畜进入。场地绿化不仅美化环境、净化空气,而且能在夏季降低鹅舍温度。

第二节　鹅舍的设计要求

　　鹅舍的建筑设计,总的要求是冬暖夏凉,阳光充足,空气流通,干燥防潮,经济耐用,且设在靠近水源、地势较高而又有一定坡度的地方。鹅是水禽,但鹅舍内忌潮湿,特别是雏鹅舍更要注意。因此,应保持鹅舍高燥、排水良好、通风,地面应有一定厚度的沙质土。

　　为降低养鹅成本,鹅舍的建筑材料应就地取材,建筑竹木结构或泥木结构的简易鹅舍,也可是砖混结构的鹅舍。

一、简易鹅舍

　　简易鹅舍(见图 3-3)属于敞开式鹅舍,常见于南方地区,可分为拱形鹅棚和行棚。拱形鹅棚属于一种较固定的简易鹅棚,用竹子构建,一般高 2 m,长度为 8~14 m,宽度为 7~8 m,可饲养鹅 300 只左右。顶棚采用芦苇铺盖而成,其上再覆盖油毡,以防雨雪。四周用编织的草帘作墙壁。鹅舍地面的墙角要用沙土夯实,以防兽害,地面上铺厚垫草。这种简易鹅棚由于利用草帘做墙,夏季可以卸下,加大通风,冬季可加密,还可再加一层油毡加强保温。因此,这种鹅舍具有取材方便、经济实惠、通风良好、光线充足的特点,同时又具有良好的保温和隔热性能等优点,在我国东南各省被

图 3-3　简易鹅舍

广大养殖户采用,效果良好。在我国南方地区采用较多的另一种简易鹅舍为行棚。它是一种活动的鹅舍,适用于规模不大的鹅群。行棚用竹竿

或木条搭建而成,呈弓形,上面盖上塑料布即完工。

二、固定鹅舍

固定鹅舍按照用途分育雏舍、育成鹅舍、种鹅舍等。一个完整的鹅舍通常包括鹅舍、陆上运动场和水浴池三部分。这几种鹅舍的要求各有差异,但最基本的要求是遮阴防晒、挡风避雨及防止兽害。

(一)育雏舍

育雏舍要求干燥且保温性能良好,空气流通而无贼风,电力供应稳定。雏鹅舍房檐高 2～2.5 m 即可,内设天花板,以增加保温性能。雏鹅舍要求采光充分,窗与地面面积之比为 1∶(8～10),南窗离地面 60～70 cm,设置气窗,以便于调节空气,北窗面积为南窗的 1/3～1/2,距离地面 1 m 左右,所有窗户与下水道通外面的接口要装上铁丝网,以防兽害。育雏舍地面最好用水泥或砖铺成,要向一边或中间倾斜,以利于消毒和排水。室内放置饮水器的地方要有排水沟,并盖上网板,雏鹅饮水时溅出的水可漏到排水沟中排出。

(二)育成鹅舍

育成鹅生长快,生命力强,对温度要求不像雏鹅那样严格。因此,育成鹅舍只要能遮风挡雨,经常保持干燥,冬季保温、夏季通风凉爽即可。育成鹅舍一般也可建成双列式单走廊鹅舍。鹅舍地面要有一定倾斜度,在较低的一边挖一道排水沟,沟上覆盖铁丝网,网上设置饮水器。这样在鹅饮水时,溅出的水都能流入沟内,并排出室外,以保持室内干燥。走廊设在中间,与鹅群之间用围栏隔离开来。食槽设在围栏中心位置。每300 只鹅可设置长 10 m 的水槽,并保证有充足的洁净饮水。

(三)种鹅舍

种鹅多以平地散养方式进行饲养。鹅舍可分双列单走廊和单列式种鹅舍两种。双列单走廊种鹅舍两边必须都设有陆上运动场和水浴池。种鹅舍和雏鹅舍一样,要求保温性能好,屋顶要有天花板或加隔热装置,北墙不漏风,房檐高 2.6～2.8 m,窗与舍内面积比例为 1∶(8～10),南窗的面积可比北窗大 1 倍。南窗距离地面 60～70 cm,北窗距离地面 1～1.2 m,并设气窗。为使夏季良好通风,北边可开设地脚窗,但不用玻璃,只安装铁条或铁丝网,以防兽害;在寒冷季节可用塑料布封住,也可用砖封住,抹上沙泥,以防漏风。舍内布置与雏鹅舍基本相同。

单列式种鹅舍的走廊位于北墙边,排水沟紧靠走廊旁,上盖铁丝网,饮水器置于铁丝网上。南边靠墙一侧地势略高,用来放置产蛋箱。产蛋箱宽 30 cm,长 40 cm,用木板钉成,无底,前面较低(10 cm 左右),供鹅出入,其他三面高 35 cm,箱底垫木屑或干净切碎的垫草。种鹅舍也可不用产蛋箱,直接在鹅舍靠墙的一侧,把干草垫高,供种鹅夜间产蛋之用。

南方地区的大部分种鹅舍北面有墙,以避北风,南面无墙,接运动场,运动场接水浴池。

三、陆上运动场

鹅舍大都设有陆上运动场(除育肥鹅舍和填鹅舍)。运动场的长度应与鹅舍的长度相等,育成鹅舍和种鹅舍的运动场要大一些。陆上运动场一端紧连鹅舍,一端直通水浴池,为鹅群吃食、梳理羽毛和白天休息的场所。运动场要有一定的坡度,靠近鹅舍一侧高于对侧,也就是略向水面倾斜,坡度 25°～35°,斜坡要深入水中,以便顺利排水。运动场不要坑坑洼洼高低不平,以免蓄积污水。有条件和资金充足的养鹅场,最好将陆上的运动场和斜坡用沙石铺底后再抹上水泥。这样既坚固又方便,在鱼鹅混养的鹅场还方便在鱼池中冲洗鹅粪。另处,肉鹅腿短,不平的地面不利于鹅群的行动,容易使鹅跌倒造成损失。运动场的面积一般为鹅舍面积的 2～3 倍。

四、水浴池

水浴池是鹅洗浴、游泳和交配等必不可少的场所。在运动场与水浴池的连接处,要用水泥、沙石砌成斜坡,使鹅上、下坡行走时不会发生困难。由于斜坡是鹅每天的必经之路,经常受到雨水的淋漓,下面又有水浪的冲击,很容易被破坏,所以必须修得坚固。水浴池的面积不应小于运动场的面积,还要考虑到枯水季节时的水面缩小,所以应尽可能围大一些。

在鹅舍、陆上运动场和水浴池的连接处,需用围栏将它们围成一体。陆上运动场的围栏高度为 40～50 cm,深入水下 1 m 左右。对于育种用或饲养试验鹅舍,必须进行严格分群,围栏深入水底,以免串群。有的地方将围栏做成活动的,围栏高 1.5～2 m,绑在固定的桩上,视水位面高低灵活升降,保持水上 50 cm、水下 100～150 cm 即可。围网如图 3-4 所示。

图 3-4　围网

离水源较远的鹅舍可以在运动场的一端设人工水浴池,池的大小应由养鹅的数量来决定。人工水浴池一般宽 2.5～3 m,深 0.5～0.8 m,用水泥砌成。水浴池的排水口要有一个沉淀井,排水时可将泥沙、粪便等沉淀下来,避免堵塞水道。

第三节　养鹅设备及用具

一、加温设备

育雏期常用加温设备有地下炕道、电热育雏伞、煤炉、暖风机（见图3-5）、热风炉（见图3-6）和红外线灯等。

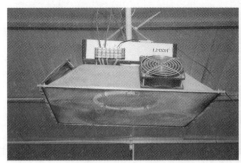

图 3-5　暖风机　　　　　　　　　　　图 3-6　热风炉

二、饲喂用具

应根据鹅的品种类型和不同日龄，配以大小和高度适当的喂料和饮水设备，要求所用喂料和饮水设备适合鹅的平铲型采食、饮水特点。

（一）喂料设备

喂料设备主要包括料槽、料盘、料桶（盆）和塑料布。料盘和塑料布多用于雏鹅开食，料盘一般采用浅料盘，塑料布反光性要强，以便于雏鹅开食。料槽和料桶可用于饲喂各阶段的肉鹅。

1.料槽

料槽由木板或塑料制成。料槽长度依需要而定。一般多由木板钉制而成。料槽根据雏鹅、青年鹅和成年鹅等不同生长发育时期设计，其区别在于料槽的深度和宽度不同。雏鹅料槽深度较浅，约5 cm，青年鹅和成年鹅料槽深度约12 cm。

2.料桶

料桶（见图 3-7）由塑料或镀锌铁皮制成。料桶一般高 40 cm，直径 30 cm。料桶底部直径 40 cm，边高 3 cm。这种料桶能存放较多饲料，并且可一边采食一边自动下料。每 50 只鹅需 1 个料桶。

3.料盘

料盘（见图 3-8）又称"开食盘"，一般由塑料制成，直径 40 cm，深度 5 cm，主要用于雏鹅的饲养。

图 3-7　料桶　　　　　　　　图 3-8　料盘

4.料盆

料盆一般用塑料制成。用于成年鹅的料盆可以较青年鹅的大一些，但深度不易过深，以免影响采食。

（二）饮水设备

饮水设备常用的是水槽、水盆和饮水器。

1.水槽

水槽（见图 3-9）多用砖或水泥砌成，设在鹅舍的一侧。水槽宽度视群体数量而定，底部宽度为 20 cm 左右，深度为 15～20 cm，底部略有坡度。在水槽的侧壁安装有栏杆，防止鹅进入水槽。水槽也可以用直径 15～20 cm 的塑料水管制成，将水管上 1/3 间隔性锯掉，每隔 50 cm 留宽 10～20 cm 的缺口，两端密封，且一端接水龙头以便加水，底部固定，保持其稳定性。

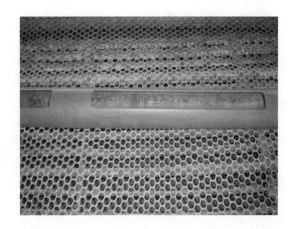

图 3-9　水槽

2. 水盆

水盆(见图 3-10)使用直径 30～50 cm、深 15 cm 左右的塑料盆。为防止鹅进入水盆,可以在水盆上罩圆形栅栏。

图 3-10　水盆

3. 饮水器

养鹅用的饮水器的式样很多,最常见的是塔式真空饮水器(见图 3-11)和普拉松自动饮水器(见图 3-12)。塔式真空饮水器装满水后用盘子盖住瓶口,再倒转过来覆于盘子上,水就从小缺口处源源不断地流出来。当水位淹没瓶口时,瓶内的水便停止外流。这种饮水器轻便实用,容易清洗，比较干净，适合平养的雏鹅。

图 3-11　塔式真空饮水器　　　　图 3-12　普拉松自动饮水器

三、其他设备及用具

根据各场具体生产现状配套设备，如周转笼（见图 3-13）、孵化设备、填饲机具、饲料机（见图 3-14）、冲洗机（见图 3-15）、割草机、打浆机、屠宰加工设备和运输车辆等。

图 3-13　周转笼　　　　　　　　图 3-14　饲料机

图 3-15　冲洗机

第四节　鹅的集约化饲养方式

一、网上平养

网上平养就是把鹅养在铁丝网、塑料网或竹木栅条上,鹅粪可以经网眼和栅缝漏到地上。这种方式不用垫料,鹅接触不到粪便,能为雏鹅创造一个干燥、卫生的生活环境,显著提高雏鹅的存活率,是目前主要推广的集约化饲养方式。

网上平养分育雏和成鹅两种。育雏(1～21 日龄)网眼的孔径为16 mm×16 mm,网上分隔若干个 1～3 m^2 的小格,小格上方敞开,隔网高度为 50 cm,饲养密度为 8～12 只/m^2。为了提高育雏舍利用率,常做成多层网养,每层由网面和接粪板组成,网上高 40～60 cm,网到接粪板20～30 cm,以 2～3 层为宜。雏鹅网上平养如图 3-16 所示。

成鹅(22 日龄后)网眼的孔径为(20～25) mm×(20～25) mm,也可采用木栅条、竹栅条或塑料漏缝地板,分栏饲养,每群鹅少于 300 只,饲养密度为 4～6 只/m^2。常用模式为舍内网养,外接运动场和水浴池。成鹅网上平养如图 3-17 所示。

图 3-16　雏鹅网上平养

图 3-17　成鹅网上平养

二、地面平养

地面平养即在舍内平地上撒上垫草,将鹅养在垫草上。此方式需定期清理垫草,地面最好做硬化处理。雏鹅、成鹅地面平养如图 3-18 和图 3-19 所示。

图 3-18 雏鹅地面平养

图 3-19 种鹅地面平养

三、笼养

笼养（见图 3-20）指将鹅养于定制的金属笼内，多用于育雏或肉鹅饲养，常配套自动括粪系统和饮水系统，甚至喂料系统，适合于规模化饲养，但投资成本较大。

图 3-20 笼养

第四章　鹅饲料配方设计与加工调制

第一节　鹅的常用饲料

一、饲料的分类

饲料种类很多,分布甚广,且各种饲料的营养特点与利用价值各异,所以在进行饲料分类时首先要求每一种饲料有一个标准名称,代表该饲料的特性成分及营养价值。凡是同一标准名称的饲料,其特性、成分与营养价值基本相同或相似,这样才便于编制全国乃至全世界饲料营养成分及营养价值表,便于应用与制定日粮配方。

(一)国际分类法

1.粗饲料

粗饲料指干物质中粗纤维含量不低于18％、以风干物为饲喂形式的饲料。

2.青饲料

青饲料指天然水分含量在60％以上的新鲜饲草及以放牧形式饲喂的人工栽培牧草、草原牧草等。

3.青贮饲料

青贮饲料指青饲原料在厌氧条件下,经过乳酸菌发酵调制和保存的一种青绿多汁的饲料。

4.能量饲料

能量饲料指干物质中粗纤维含量低于18％、粗蛋白含量低于20％的饲料。

5.蛋白质饲料

蛋白质饲料指干物质中粗纤维含量低于18％、粗蛋白含量不低于20％的饲料。

6.矿物质饲料

矿物质饲料指可供饲用的天然矿物质及化工合成的无机盐类。

7.维生素饲料

维生素饲料指由工业合成或提纯的维生素制剂,但不包括富含维生素的天然青绿饲料在内。

8.饲料添加剂

凡在配合饲料中添加的各种少量或微量成分都属于饲料添加剂。

(二)我国现行饲料分类法

我国惯常使用的饲料分类方法即综合分类法。随着信息技术的快速发展,我国在20世纪80年代初开始建立饲料编码分类体系。该体系根据国际惯用的分类原则将饲料分为8个大类,然后结合我国传统饲料分类习惯分为16个亚类,并对每类饲料冠以相应的中国饲料编码。该饲料编码共7位数,首位数为分类编码,2~3位数为亚类编码,4~7位数为各别饲料属性信息的编码,例如玉米的编码为4-07-0279,说明玉米为第4大类能量饲料,07表示属第7亚类谷实类,0279为该玉米属性编码。16个亚类是:

01 青绿植物类	02 树叶类	03 青贮饲料类
04 根茎瓜果类	05 干草类	06 农副产品类
07 谷实类	08 糠麸类	09 豆类
10 饼粕类	11 糟渣类	12 草籽树实类
13 动物性饲料类	14 矿物性饲料类	15 维生素饲料类
16 添加剂及其他		

二、鹅常用饲料

(一)能量饲料

能量饲料指干物质中粗纤维含量低于18％、粗蛋白含量低于20％的饲料。能量饲料主要包括谷实类、糠麸类、草籽树实类、根茎瓜果类和生产中常用的油脂、糖蜜、乳清粉等。

1.谷实类饲料

鹅常用的谷实类饲料包括玉米、小麦、大麦、稻谷和高粱等。

2.糠麸类饲料

谷实的加工一般分为制米和制粉两大类,制米的副产物称作"糠",制粉的副产物称作"麸"。与其对应的谷物籽实相比,糠麸类饲料的粗纤维、粗脂肪、粗蛋白质、矿物质和维生素含量高,无氮浸出物则低得多,营养价值随加工方法而异。常见的糠麸类饲料主要有小麦麸、次粉和米糠等。

3.其他能量饲料

(1)液体能量饲料主要有油脂、糖蜜、乳清。

(2)固体能量饲料主要有干燥的面包房废物、干燥的甜菜渣和甘蔗渣等。

在我国生产中,常用的油脂类主要为大豆油、菜籽油、大豆磷脂。

(二)蛋白质饲料

干物质中粗纤维含量低于18％、粗蛋白含量不低于20％的饲料称作"蛋白质饲料",主要包括植物性蛋白质饲料、动物性蛋白质饲料、单细胞蛋白质饲料。

1.植物性蛋白质饲料

(1)豆类籽实:豆类专用于饲料的主要有大豆、豌豆、蚕豆和黑豆,这些豆类都是动物良好的蛋白质饲料。未经加工的豆类籽实中含有多种抗营养因子,如抗胰蛋白酶、凝集素等,因此,生喂豆类籽实不利于动物对营养物质的吸收。蒸煮和适度加热,可以钝化、破坏这些抗营养因子,而不再影响动物消化。大豆经膨化后,所含的大部分抗胰蛋白酶和脲酶等被破坏,适口性及蛋白质消化率也得以明显改善。

（2）饼粕类：饼粕类饲料是油料籽实提取油分的产品。目前，我国脱油的方法有压榨法、浸提法和预压-浸提法。用压榨法榨油后的产品通称"饼"，用浸提法脱油后的产品称"粕"。饼粕类的营养价值因原料的种类品质及加工工艺而异。浸提法的脱油效率高，故相应的粕中残油量少，而蛋白质含量比饼高，压榨法脱油效率低，因而含可利用能量相对高。

常见饼粕类饲料主要有大豆饼粕、菜籽饼粕、棉籽饼粕、葵花籽饼粕、花生仁饼粕、芝麻饼粕、胡麻饼粕、蓖麻饼粕、椰子粕和棕榈粕等。

2.动物性蛋白质饲料

主要的动物性蛋白质饲料有鱼粉和肉骨粉，此外还有蚕蛹、血粉、乳清粉、羽毛粉、蚯蚓粉、昆虫粉等。

3.单细胞蛋白质饲料

酵母是常见的单细胞蛋白质饲料。

（三）矿物质饲料

动植物性饲料中虽含有一定量的动物必需矿物质，但舍饲条件下的高产家禽对矿物质的需要量很高，常规动植物性饲料常不能满足其生长、发育和繁殖等生命活动对矿物质的需要，因此，应补以所需的矿物饲料。常用的矿物质饲料有食盐、碳酸氢钠、石粉、贝壳粉、骨粉和磷酸氢钙等。

（四）饲料添加剂

饲料添加剂是在配合饲料中特别加入的各种少量或微量成分。其主要作用是完善饲料的营养，提高饲料的利用效率，促进畜禽生长，预防疾病，减少饲料在储存过程中的损失，改进畜禽产品的品质。饲料添加剂是配合饲料中不可缺少的成分，常见的饲料添加剂包括赖氨酸、蛋氨酸、色氨酸、微量矿物元素（铁、铜、锰、锌、硒、碘等）、多种维生素和胆碱等。

三、常用饲料原料营养成分

鹅常用饲料营养成分如表4-1所示。

表 4-1 鹅常用饲料营养成分

饲料名称	DM	CP	EE	CF	ME	Ash	Ga	P	A-P	Lys	Met	Cys
玉米	86.0	7.8	3.5	1.6	3.22	1.3	0.02	0.27	0.11	0.23	0.15	0.15
小麦	88.0	13.4	1.7	1.9	3.04	1.9	0.17	0.41	0.13	0.35	0.21	0.30
大麦（皮）	87.0	11.0	1.7	4.8	2.70	2.4	0.09	0.33	0.12	0.42	0.18	0.18
稻谷	86.0	7.8	1.6	8.2	2.63	4.6	0.03	0.36	0.15	0.29	0.19	0.16
糙米	87.0	8.8	2.0	0.7	3.36	1.3	0.03	0.35	0.13	0.32	0.20	0.14
次粉	87.0	13.6	2.1	2.8	2.99	1.8	0.08	0.48	0.15	0.52	0.16	0.33
小麦麸	87.0	14.3	4.0	6.8	1.35	4.8	0.10	0.93	0.28	0.63	0.23	0.32
米糠	87.0	12.8	16.5	5.7	2.68	7.5	0.07	1.43	0.20	0.74	0.25	0.19
大豆粕	89.0	44.2	1.9	5.9	2.39	6.1	0.33	0.62	0.21	2.68	0.59	0.65
棉籽粕	90.0	43.5	0.5	10.5	2.03	6.6	0.28	1.04	0.36	1.97	0.58	0.68
菜籽粕	88.0	38.6	1.4	11.8	1.77	7.3	0.65	1.02	0.35	1.30	0.63	0.87
鱼粉	90.0	53.5	10.0	0.8	2.90	20.8	5.88	3.20	3.20	3.87	1.39	0.49
苜蓿草粉	87.0	19.1	2.3	22.7	0.97	7.6	1.40	0.51	0.51	0.82	0.21	0.22
啤酒糟	88.0	24.3	5.3	13.4	2.37	4.2	0.32	0.42	0.14	0.72	0.52	0.35
稻壳	92.0	3	0.5	44	0.72	20.0	0.04	0.1	0.02			
大豆油	99.0		98.0		8.37	0.5						
磷酸氢钙							21	16.5				
石粉							35.8					
贝壳粉							33					

注：干物质（DM）、粗蛋白质（CP）、粗脂肪（EE）、粗纤维（CF）、粗灰分（Ash）、钙（Ca）、总磷（P）、有效磷（A-P）、赖氨酸（Lys）、蛋氨酸（Met）、胱氨酸（Cys）的营养成分单位均为%，代谢能（ME）是参考鸡的单位，为兆卡每千克（Mcal/kg）。

四、青饲料生产

牧草是养鹅业最主要、最经济的饲料。没有充足的饲料牧草,就不会有稳定发展的养鹅业。饲料牧草种类繁多,大部分都能为鹅采食利用,特别是天然草地上的豆科、禾本科,以及其他类牧草,其营养生长期的茎叶和成熟期的株穗、籽实,鹅都喜欢采食。但天然草地牧草季节性强、产草量低,资源极其有限,为了保证青饲料供应,必须种植部分高产的饲料牧草。牧草种类很多,根据各地的自然气候和土壤的特点、养鹅的需要,必须选择适宜的牧草品种。现就适宜于养鹅利用、产量高、品质好的饲料牧草,介绍几种常见牧草的特点及栽培技术,供养鹅生产时种植牧草参考。

(一)豆科牧草

豆科牧草根系有根瘤,能固定空气中的氮素,其茎叶和籽实含有丰富的蛋白质,营养价值高,且大部分适口性好,鹅喜欢采食,是最重要的栽培牧草。

1. 紫花苜蓿

(1)品种特性:紫花苜蓿适应性强、产量高、品质好,有"牧草之王"的美称。在灌溉条件下,一般亩产 3000～5000 kg,可晒制成干草粉 1000～1500 kg,营养期干物质含粗蛋白质 26.1%。适时收割利用后,其消化率高,适口性好,可作为鹅的蛋白质和维生素的补充料。虽然放牧时鹅对它的选择性较差,但如与禾本科牧草混播,收割后切碎青饲,或制成草粉,在日粮中配合 25% 以上饲喂,效果极佳。紫花苜蓿喜温暖半干旱气候,耐寒、耐干旱,但需水分较多。对土壤要求不严,以排水良好、土层深厚、蓄含钙质的土壤生长最好。

(2)栽培技术:沙土和轻黏土都可种植紫花苜蓿。在大田轮作中,种过禾谷类,或块根、块茎物的土地均适于栽种苜蓿,一般轮种苜蓿 2～4 年。苜蓿因种子细小,苗期生长缓慢,整地务必精细,土要上松下实,以利出苗,保证苗齐。苜蓿种子含有 10%～30% 的硬实,播前应将种子用砂混合揉搓一次或晒种 2～3 天,或用 30～60 ℃温水浸 15～60 min,以提高种子发芽率。第一次种植苜蓿时,最好进行种子根瘤菌接种。北方各省宜春播或夏播,西北、东北、内蒙古4～7月播种,华北3～9月播种。长江流域3～10月均可播种,以9～10月播种为宜。每亩播种纯净优质种子0.75～1.0 kg。干旱地区宜稀播,每亩播种0.5～0.75 kg即可。条播、撒播、点播均可,但以条播最好,行距20～30 cm,播种深度2～3 cm。可利用冬麦、油菜、春麦、糜谷、荞麦等作伴种作物,一起播种苜蓿,这样可减少旱风为害,防止不良气候影响。保持土壤湿润,有利出苗。苗期、早春返青后以及每次刈割后,都应中耕松土,清除杂草,促进再生。

2.红三叶

(1)品种特性:红三叶又名"红车轴草",在我国云贵高原及湖北、湖南大面积栽培,最适宜在亚热带高山低温多雨地区栽培。红三叶营养丰富,蛋白质含量高,草质柔嫩,适口性好,青饲喂鹅可节省精料,饲养效果好。

(2)栽培技术:红三叶种子细小,要求整地精细。播种期南方以9～10月最为适宜,北方可进行春播。播种量每亩0.5～0.75 kg,采种田可略减少。条播较适宜,行距20～30 cm,播种深度1～2 cm。红三叶与黑麦草混播效果很好,两者应同期隔行播种。与玉米间种,可获粮、草双丰收。第一次种红三叶的土地,播种时用根瘤剂拌种,可提高固氮能力,增加产草量。施用磷、钾肥,可有较大的增产效果。尤其是磷肥,可提高饲草产量和质量。红三叶苗期生长缓慢,要注意清除杂草。

3.白三叶

(1)品种特性:白三叶又名"白车轴草",我国南方已有大面积栽培,云贵高原等地均有野生。白三叶喜温暖湿润气候,耐热性比红三叶强,耐酸性土壤,较耐潮湿,耐旱性较差。白三叶具匍匐茎,竞争力强,再生性好,耐践踏、耐牧、在频繁刈割或放牧时,可保持草层不衰败,刈割或放牧时鹅均喜采食。白三叶草质柔嫩,适口性强,因主要利用叶片,故营养价值高,干物质含粗蛋白质24.7%。

(2)栽培技术:白三叶种子极细小,播前需精细整地,清除杂草,施足底肥,播种期春秋播均可,南方以秋播为宜,但不应晚于 10 月中旬,否则越冬易受冻害。每亩播种量 0.3～0.5 kg。条播行距 30 cm,也可撒播以提高产量,有利于放牧利用。白三叶地中,每 2 m 左右种一行玉米,可增精料玉米 100～200 kg。白三叶苗前期生长非常缓慢,应注意中耕除草。一旦连植后,则不必中耕,匍匐茎再生,种子落地自生,可维持草地持久不衰,供经常刈割或放牧利用。初花期刈割,一般亩产 3000～5000 kg,高者可达 5000 kg 以上。

(二)禾本科牧草

该类牧草也是重要的栽培牧草,分布范围广,适应性强,营养丰富,柔嫩多汁,适口性好,鹅喜欢采食,且耐牧,刈割或放牧后能迅速恢复生长。

1. 多年生黑麦草

(1)品种特性:多年生黑麦草是温带地区最重要的牧草,目前在我国长江中上游各省的高海拔地区大面积种植,均表现生长快,产量高,品质好,饲用价值高。多年生黑麦草喜温暖湿润气候,最适生长温度 20 ℃,需肥沃土壤。在我国南方夏季有高温伏旱的低海拔地区,多年生黑麦草越夏困难,往往枯死。但在适宜条件下,多年生黑麦草也可多年不衰。

(2)栽培技术:播种期,我国南方一般以 9～11 月为宜,早播当年冬季和翌年早春即可利用,亦可在 3 月下旬春播,但产量较低。条播行距15～30 cm,播种深度1.5～2 cm,每亩播种量 1～1.5 kg。最适宜与白三叶、红三叶、紫花苜蓿混播,可建成高产优质的人工草地。多年生黑麦草分蘖力强,再生速度快,应注意适当施肥,以提高产量。据试验,施 1 kg 氮素,可增加干物质 24.2～28.6 kg,增产粗蛋白质 4 kg,在分蘖、拔节、抽穗期适当灌水,增产效果显著。夏季炎热天气,灌水可降低地温,有利越夏。苗期应及时清除杂草。因多年生黑麦草种子易脱落,因而采种应及时。

2. 多花黑麦草

(1)品种特性:多花黑麦草又名"意大利黑麦草",也适宜在我国南方种植。其形态特征、生长习性与多年黑麦草基本相同,不同的是其植株高大,叶片宽,种子有芒,分蘖较少,为一年生牧草。但条件适宜、管理好时,也可生长利用 2～3 年。

(2)栽培技术:栽培技术与多年生黑麦草相同,但因多花黑麦草生长快、植株较高大、产量高,可在大田中与水稻进行轮作。秋季水稻收获前,把多花黑麦草籽撒入,或水稻收获后迅速播种,以作冬春的鹅青饲料。翌年初夏刈割后,栽植水稻。多花黑麦草可单播,亦可与红三叶、白三叶、百子、紫云英等混播,还可与青绿作物玉米、高粱等轮作。常与苏丹草、杂交狼尾草、苦荬菜等轮作或套作,以解决全年均匀供应青饲料的问题。多花黑麦草喜氮肥,产草量与施氮量呈直线相关。每千克氮肥可增产干物质约 30 kg,使干草中粗蛋白质含量提高 1％～2％。多花黑麦草可年刈 3～5 次,一般亩产 3000～5000 kg,在高水肥条件下可产 5000～7000 kg。

3.无芒草

(1)品种特性:无芒草又名"禾营草""光雀麦",在我国各地分布范围很广。其营养价值高、适口性好,畜禽喜食,具根茎,耐践踏,是鹅的优良放牧草地。

(2)栽培技术:无芒草喜冷凉干燥气候,耐旱、耐湿、耐碱,适应性强,在各种土壤上都能生长。北方寒冷地区宜春播或夏播,华北、黄土高原地区及长江流域则可秋播。条播、撒播均可。条播行距 30～40 cm。播种量 1～2 kg,播种深度 2～4 cm。放牧利用时,可与紫花苜蓿、红三叶、白三叶混播。无芒草可形成整齐的草地,利用 3～4 年后地下茎会形成坚硬的草皮,使产量下降。可用圆盘耙或其他耙切短根茎,疏松土壤,改善透气性,以恢复植被旺盛生长的态势。

4.岸杂一号狗牙根

(1)品种特性:该草是我国于 1976 年从美国引入的草种,在南方等地生长良好,已在生产上推广应用。该草蛋白质含量高,干物质含蛋白质达 20％多,质地柔软,宜作鹅放牧或刈割青饲。

(2)栽培技术:选粗壮、节间短、生长好、无病虫的植株,每 3～4 节为一段,按行距 20～25 cm 开沟,每隔 15～20 cm 栽插一株,埋土深 3～5 cm,土面留 1～2 节,栽后浇水即可成活。3～10 月均可栽种,但气温在 10 ℃ 以上时较易成活。土壤肥沃、土层厚、底照足时,生长好,产量高。大面积栽种时,将种茎均匀地撒播于土面,然后再用圆盘耙覆土,保持土境湿润,一般 5～6 天即可生根成活。栽培的第一个月生长缓慢,不耐干旱,应注意及时除草浇水。待覆盖地面后,即可抑制杂草,旺盛生长。当草层高达 40～50 cm 时,即可留用,留茬 2～3 cm,一般 30 天左右刈一次,年可刈 7～8 次,亩产鲜草 7500～10000 kg。

(三)叶菜类

1.苦荬菜

(1)品种特性:苦荬菜又名"鹅老莱""山莴苣""苦麻菜",原为我国野生植物,经长期驯化选育,现已成为广泛栽培的高产饲料作物。我国各地都有较大面积的栽培。它是一种适应性强、产量高、营养好、适口性极好的优质青绿多汁饲料。

(2)栽培技术:苦荬菜喜温暖湿润气候,既耐寒又抗热,各种土壤都可种植。苦荬菜幼苗子叶出土力弱,因此播前要整细土壤。南方 2 月底至 3 月播种为宜,北方 4 月上、中旬播种。在华南也可秋播。播种方法一般采用条播或穴播,条播行距 25～30 cm,北方垄作行距 50～60 cm,采用撒播或双行条播。穴播行株距 20 cm。播种量每亩 0.5 kg,覆土 2 cm。育苗移栽时,每亩大田只需用种 0.1～0.15 kg。667 m² 苗圃地可栽 3333.5 m² 大田。移栽行距 25～30 cm,株距 10～15 cm。幼苗具 5～6 片叶时可移栽。

苦荬菜生长快,再生力强,刈割次数多,产量高,需肥量大,肥足才能高产。一般每亩需施猪牛粪或厩肥 2500～5000 kg。每刈一次均要施追肥。春播 5 月上旬,株高 40～50 cm 时即可刈割,6～8 月生长特别旺盛,每隔 20～25 天即可刈一次,留茬 5～8 cm,年刈 5～8 次。小面积栽培可剥大叶利用,留小叶继续生长。一般亩产 5000～7500 kg,高者可达 10000 kg。

2.苋菜

(1)品种特性:苋菜又名"干穗谷""西黏谷""天星克",在全世界分布很广,我国栽培历史也很悠久,各地都有种植。苋菜是一种产量高、适口性好的优良青饲料。它适应性广、管理方便、生长快,再生力强,是夏季很重要的饲料作物。

(2)栽培技术:苋菜是喜温作物,不耐旱,根系发达,吸肥性强,供给充分肥料时才能高产。种子细小,播前必须精细整地,耕翻前施入厩肥作底肥。南方从3月下旬至8月随时都可播种;北方春播为4月中旬至5月上旬,夏播种期6~7月。播种量每亩0.25~0.4 kg,条播或撒播均可。条播行距30~40 cm,覆土1~2 cm。有的地方不覆土,只撒一层草木灰,盖一层稻草。也可采用育苗移栽。因幼苗生长缓慢,易受杂草为害,因此要及时中耕除草。收获利用方法主要有间拔法、全拔法、刈割法。切碎后喂鹅是非常优良的青饲料。

3.牛皮菜

(1)品种特性:牛皮菜又名"达菜""厚皮菜""叶用甜菜",是我国栽培历史长、种植范围广的牧草。其适应性强,对土壤要求不高,易于种植,病虫害少,产量高,叶柔嫩多汁,营养价值较高,适口性好,且利用期又长,是鹅喜食的优质青饲料。

(2)栽培技术:牛皮菜喜肥沃、湿润、排水良好的黏质壤土及沙质壤土,比较耐碱。南方多在瓜、豆或水稻之后种植,北方常在春季种植。牛皮菜不耐连作,一般是育苗移栽。播种期南方多在8~10月,而北方为3月上旬至4月中旬。苗床育苗多行微格,亦可条播,播后覆土1.5~2 cm,苗高20~25 cm时移栽。定植株距20~30 cm,行距30~40 cm,及时浇水,移植3~4天后即可恢复生长。直播多为条播或点播,行距20~30 cm,覆土2~3 cm,每亩播种子1~1.5 kg。在牛皮菜生长过程中,要经常中耕除草,施追肥或浇水。当牛皮菜生长到封行时,即可采收外叶。采收时从叶柄基部折断,每株一次采叶3~4片,留下心叶继续生长。南方地区秋播的牛皮菜,当年即可采收 1～2 次外叶;翌年 3 月以后,生长迅速,每隔 10 天左右可采收一次。4 月后逐渐抽薹开花,可全株刈割利用。北方春播牛皮菜年可收 4～5 次,亩产鲜叶 4000～5000 kg。牛皮菜切碎青饲,也可青贮利用。

4.菊苣

(1)品种特性:菊苣为多年生菊科草本植物,原产欧洲,广泛用作饲料、蔬菜及香料。其适口性好,营养价值高,粗蛋白含量可达 17％～23％,供草期长,具有高产、优质、适应性强、抗病虫害的特点。一次播种可利用 10 年以上,亩产鲜草 10000～15000 kg。鹅喜食,且具有收敛、止泻功能。

(2)栽培技术:每亩施厩肥 2500 kg 作基肥,同时挖好排水沟。春、夏、秋均可播种,以 9 月下旬至 10 月下旬播种为最佳.既可大田撒播,也可育苗移栽,每亩用种量 0.5 kg,播种深度 1～2 cm。播种后应保持表土湿润,4～5 天苗齐,幼苗期注意拔除杂草。株高 50 cm 左右即可刈割,全年可刈割 6～8 次。嫩叶是高营养蔬菜,可炒、可凉拌,根可提取菊糖、香料,花期长,又是良好的蜜源和绿化植物。

第二节　鹅的营养需要

鹅的饲养标准是指根据科学试验结果,结合实践饲养经验,规定每只鹅在不同生产水平或不同生理阶段时,对各种养分的需要量。由于鹅的营养需要量研究较少,且大部分是参考鸡的,所以许多国外专业机构的标准并没有多少参考价值。反而是企业标准,由于来自生产实践,如莱茵鹅营养需要量就可以参考一下,但也必须注意到中国鹅的生长速度比莱茵鹅要慢,且不耐精料,过高浓度精料会导致腿病。下面介绍的营养需要量是当前生产中常用的,不一定是最佳的,但较为经济实用,很多养殖户按此推荐量使用,效果不错。

一、肉鹅营养需要量

规模化生产肉鹅营养需要量如表 4-2 所示。

表 4-2 肉鹅营养需要量

营养需要	1～3 周	4～8 周	9 周至上市
代谢能（MJ/kg）	11.0～11.5	10.5～11.5	11.0～12.0
粗蛋白（%）	19～20	16～18	15～17
蛋氨酸（%）	0.35～0.45	0.35～0.40	0.3～0.4
赖氨酸（%）	0.9～1.1	0.8～1.0	0.7～0.9
粗纤维（%）	4～5	6～8	5～6
钙（%）	0.9～1.1	0.8～1.0	0.8～1.0
有效磷（%）	0.35～0.45	0.35～0.40	0.3～0.4

二、种鹅营养需要量

种鹅营养需要量如表 4-3 和表 4-4 所示。

表 4-3 种鹅育雏、育成期营养需要量

营养水平	1～3 周	4～8 周	9～12 周	13～22 周
代谢能（MJ/kg）	11.0～11.5	10.5～11.0	10.5～11.0	10.0～10.5
粗蛋白（%）	19～20	16～17	15～16	13.5～14.5
蛋氨酸（%）	0.35～0.45	0.35～0.40	0.3～0.4	0.25～0.3
赖氨酸（%）	0.9～1.1	0.8～1.0	0.7～0.9	0.7～0.8
粗纤维（%）	4～5	6～8	6～10	8～12
钙（%）	0.9～1.1	0.9～1.0	0.8～0.9	0.8～0.9
有效磷（%）	0.3～0.45	0.35～0.4	0.3～0.4	0.25～0.3

表 4-4　　　　　　　　　　　　　　　种鹅产蛋期营养需要量

营养水平	预产期	产蛋前期	产蛋高峰期	产蛋后期
粗蛋白(%)	15～16	15.5～16.5	15.5～16.5	15～15.5
代谢能(MJ/kg)	10.0～10.5	10.0～10.5	10.0～10.5	10.0～10.5
蛋氨酸(%)	0.3～0.4	0.35～0.40	0.35～0.45	0.3～0.35
赖氨酸(%)	0.8～0.9	0.9～1.0	0.9～1.1	0.8～1.0
钙(%)	1.4～1.6	2.0～2.2	2.4～2.6	2.4～2.6
有效磷(%)	0.3～0.35	0.35～0.4	0.35～0.4	0.3～0.35
粗纤维(%)	7～10	7～10	7～10	7～10

第三节　鹅饲料配方设计

一、全价饲料配方设计的原则

(一)营养性原则

1.选用合适的饲养标准

饲养标准是对动物实行科学饲养的依据,因此,经济合理的饲料配方必须根据饲养标准规定的营养物质需要量的指标进行设计。在选用饲养标准的基础上,可根据饲养实践中鹅的生长或生产性能等情况做适当调整。

2.合理选择饲料原料,正确评估和决定饲料原料营养成分含量

设计饲料配方应熟悉所在地区的饲料资源现状,根据当地各种饲料资源的品种、数量、理化特性及饲用价值,尽量做到全年比较均衡地使用各种饲料原料,应尽量选用新鲜、无毒、无霉变、质地良好的饲料。

3.正确处理配合饲料配方设计值与配合饲料保证值的关系

配合饲料中的某一养分往往由多种原料共同提供,且各种原料中养分的含量与真实值之间存在一定差异,加之饲料加工过程中的偏差,同时生产的配合饲料产品往往有一个合理的储藏期,且储藏过程中某些营

养成分还要因受外界各种因素的影响而损失,所以,配合饲料的营养成分设计值通常应略大于配合饲料保证值。

(二)安全性原则

配合饲料对动物自身必须是安全的,发霉、酸败、污染和未经处理的含毒素等饲料原料不能使用,饲料添加剂的使用量和使用期限应符合安全法规。

(三)经济性原则

饲料原料的成本在饲料企业生产及畜牧业生产中均占有很大比重,因此在设计饲料配方时,应注意达到高效益、低成本,为此要求:

(1)饲料原料的选用应注意因地制宜和因时而异,充分利用当地的饲料资源,尽量少从外地购买饲料,既避免了远途运输的麻烦,又可降低配合饲料生产的成本。

(2)设计饲料配方时应尽量选用营养价值较高而价格低廉的饲料原料,多种原料搭配可使各种饲料之间的营养物质互相补充,以提高饲料的利用效率。

二、配方设计方法

(一)试差法

试差法是畜牧生产中常用的一种日粮配合方法。此法是根据饲养标准及饲料供应情况选用数种饲料,先初步规定用量进行试配,然后将其所含养分与饲养标准对照比较,差值可通过调整饲料用量使之符合饲养标准的规定。应用试差法一般需要经过反复的调整计算和对照比较,具体步骤如下:

(1)查找饲养标准,列出营养需要量。

(2)查饲料营养成分价值表,列出所选用饲料的养分含量。

(3)确定各种原料的大致用量。先确定矿物饲料、添加剂或预混料的用量,再确定需限量使用的饲料的用量,如菜籽粕、棉籽粕、鱼粉、血粉、蚕蛹粉、羽毛粉、麸皮、米糠、小麦等,最后确定玉米和豆粕的用量;如能量无法达到要求,则需要添加油脂。

(4)计算各种营养指标,并与饲养标准比较,找出需要调整的部分。

(5)根据试配日粮与饲养标准比较的差异程度,调整某些饲料的用量,并再进行计算和对照比较,直至与标准符合或接近为止,最终确定各种原料的用量。

(二)运用计算机设计饲料配方

可使用现成的计算机配方软件进行计算,不但营养成分计算全面平衡,还能算出最低成本配方。如无计算机配方软件,也可使用 Excel 中的规划求解来计算,同样可以计算出最低成本配方。使用时一定要对某些饲料原料限量,否则计算出的配方就会不实用。

三、鹅常用饲料配方

鹅常用日粮以玉米豆粕型为主,也可根据当地饲料资源,选择利用部分能降低饲料成本的原料,而且要控制好添加量。现列举一些鹅生产中常用的饲料配方(见表 4-5 和表 4-6),以供参考。

表 4-5　　　　　　　　　　肉鹅常用饲料配方

饲料名称	0～28 日龄	29～56 日龄	57 日龄至上市
玉米	46	44	52
豆粕	30	23	18
稻壳	4	8	5
小麦麸	5	5	5
米糠	10	15	15
预混料	5	5	5
合计	100	100	100

表 4-6　　　　　　　　　　　　种鹅常用饲料配方

饲料名称	9～12周	13～22周	预产期	产蛋前期	高峰期	产蛋后期
玉米	46	40	43.5	41	41.5	43
豆粕	19	17	20	22.5	24	22.5
稻壳	10	18	10	10	10	10
小麦麸	5	5	5	3.5	0	0
米糠	15	15	15	15	15	15
贝壳粉	—	—	1.5	3	4.5	4.5
预混料	5	5	5	5	5	5
合计	100	100	100	100	100	100

第四节　饲料加工调制

一般来说，未加工的饲料适口性差，难以消化。因此，一般饲料在饲用前，必须经过加工调制。经过加工调制的饲料，便于鹅采食，改善了适口性，可增进食欲，从而提高了饲料的营养价值。

一、粉碎或磨碎

油饼类和籽实类精饲料一般都需用粉碎的方法进行加工。因皮壳坚硬，整粒喂给不容易被消化吸收，尤其雏鹅消化能力差，只有粉碎坚硬的外壳和表皮后，才能很好地消化吸收。因此，为了更有效地提高各种精饲料的利用价值，整粒饲料必须经过粉碎或磨细。但是也不能粉碎得太细，太细的饲料不利于鹅采食和吞咽，适口性也不好，一般只要粉碎成小颗粒即可。因富含脂肪的饲料粉碎后容易酸败变质，不易长期保存，所以此类饲料不要一次粉碎太多。

二、制粒

粉状饲料的体积太大，运输和鹅采食都不方便，且饲料损失多，饲料的制粒则可以避免此种损失。可采用颗粒饲料机制成，一般是将混合粉料用蒸汽处理，经钢筛孔挤压出来后，冷却、烘干制成。这种饲料的营养全面，适口性好，便于采食，浪费少，但生产中以不加蒸汽干制粒居多。

三、拌潮

为了便于鹅采食，减少浪费，生产中常在粉料中加入少量水将料拌潮，但一定要随喂随拌，防止饲料变质。

第五章　肉鹅的饲养管理

随着我国养鹅业规模化和集约化程度的不断提高，传统养殖经验已不能适应鹅业发展的要求，需要进一步推广科学的高效养殖配套技术，以提高养殖效益，促进养鹅业的可持续发展。

根据肉鹅的不同生长阶段，可将鹅划分为雏鹅和中鹅，中鹅又可分为育成鹅和育肥鹅。根据不同阶段对饲养管理的不同要求，进行科学的饲养管理，以充分发挥肉鹅的生产潜力和经济价值。

第一节　雏鹅的饲养管理

雏鹅是指孵化出壳后到 4 周龄或 1 个月内的鹅，又叫"小鹅"。饲养管理的好坏不仅直接影响雏鹅成活率和生长发育，而且影响日后生产性能的发挥。在养鹅生产中，只有高度重视雏鹅的饲养管理，才能提高鹅群成活率，保证鹅群均匀整齐，体质健壮，发育良好，为肉鹅生产打下良好的基础。

一、雏鹅的特点

只有掌握雏鹅的生理特点和生活要求，才能采取科学的饲养管理措施。

（一）长发育快，但消化道容积小

肉鹅育雏期是其一生中生长最快、饲料报酬最高的时期。雏鹅体温

高,呼吸快,体内新陈代谢旺盛,需水较多;但雏鹅消化道容积小,消化能力差,而且吃下的食物通过消化道的速度快。因此,为保证雏鹅快速生长发育的营养需要,在饲养管理中要及时饮水,保证充足供水;饲粮的营养浓度要高,各种营养素要全面平衡,适当添加优质、易消化的青饲料;在给饲时要少喂多餐,以利于雏鹅的生长发育。

(二)体温调节能力差

出壳后,雏鹅全身仅被覆稀薄的绒毛,皮下脂肪层尚未形成,保温能力差;雏鹅采食少,体内产热少;雏鹅虽体重小,但单位体重表面积大,散热多。因此,雏鹅对外界温度的变化适应力弱,特别是对冷的适应性较差。随着日龄的增加,这种自我调节能力虽有所提高,但仍较薄弱,必须采取人工保温。在育雏期,为雏鹅创造适宜的温度环境,是保证雏鹅生长发育和成活的基础,否则会出现生长发育不良、成活率低,甚至造成大批死亡。特别是 20 日龄内的雏鹅,当温度稍低时就易发生扎堆现象,常出现挤压伤,甚至大批死亡。受挤小鹅即使不死,生长发育也慢,为防止扎堆及对雏鹅的危害,在控制好育雏温度的同时,还要保持适当的饲养密度,避免拥挤。

(三)抵抗力差

雏鹅体小质弱,抵抗力和抗病力较差,加上密集饲养,容易感染各种疾病,一旦发病,损失严重,因此要加强管理,提供全价饲料,尤其是要保证维生素和矿物质、微量元素供给,切实做好卫生消毒和预防免疫。

(四)公母雏鹅生长速度不同

公母雏鹅生长速度不同,在同样饲养管理条件下,公雏比母雏增重高 5%~25%,单位增重耗料也少。所以,在条件许可的情况下,育雏时应尽可能做到公母雏鹅分群饲养,以便获得更高的经济效益。

(五)胆小怕惊

雏鹅对周围环境的变化非常敏感,噪声、各种颜色或生人进入都会引起鹅群骚乱。因此,保持环境的安静与稳定对雏鹅尤为重要。

（六）喜堆性

雏鹅有喜欢扎堆的习性，特别是在饮水后和休息时，如果天气寒冷更是集堆，易造成受压而死。为防止集堆，除采用分栏管理，严格控制密度外，还应值班观察，随时将打堆雏鹅赶散，俗称"赶堆"。

二、育雏方式

（一）地面平养

地面平养就是在地面铺约 10 cm 厚的垫料（垫料可经常更换，也可到育雏结束时一次性清理），将料槽（或开食盘）和水槽（或饮水器）置于垫料上，雏鹅在垫料上活动和休息。地面平养的优点是设备投资较少，雏鹅患腿疾机会较少；缺点是饲养密度小，占地面积大，要经常添加或更换垫料，因与地面接触、垫料潮湿等原因使雏鹅容易感染肠道细菌病和球虫病。目前，小规模的肉鹅场大都采用这种育雏方式。

（二）网上平养

网上平养时，料槽（或开食盘）、水槽（或饮水器）置于网床上，雏鹅在网床上采食、饮水、活动和休息。网上平养的优点是雏鹅不易接触粪便，降低了消化道疾病的感染机会，且饲养密度比地面平养稍有提高，好管理，节约能源；缺点是投资稍大，舍内湿度大，雏鹅患腿疾的比例较大。目前，规模稍大的肉鹅场大都采用这种育雏方式。

（三）半地面半网育雏

半地面半网育雏就是将地面平养与网上平养这两种育雏方式结合起来的一种育雏方式。育雏舍 1/4～1/3 的地面铺设离地网面，离地 0.3～0.5 m，另外的地面铺垫料，两部分的衔接坡度小于 25°，水槽（或饮水器）全部置于网床上，料槽（或开食盘）全部置于垫料上。这种方式成本适中，雏鹅患腿疾机会较少，且利于清洁。

（四）立体笼育雏

立体笼育雏就是把雏鹅养在多层笼内，这样可以提高饲养密度，减少建筑面积和占用土地面积，便于机械化饲养。其定额高，适合于规模化饲养。育雏笼由笼架、笼体、料槽、水槽和托粪盘构成,根据笼的摆放形式分重叠式和阶梯式。因为此饲养方式可使雏鹅与粪便隔离,有利于控制球虫病和减少肠道病的传播,而且大大节约空间,在江苏、河南、广东等肉鹅规模化程度较高地区有应用,随着我国养鹅规模化程度的提高,将会逐渐推广应用。

三、加温方式

(一)地下烟道

这种热装置的热源来自雏鹅的下方,一般可使整个床面温暖,雏鹅可在此平面上按照各自需要的温度自然而均匀地分布,在采食饲料、饮水过程中互不干扰;雏鹅拉在床面上粪便的水分可很快被蒸发而干燥,有利于降低球虫病的发病率。此外,这种地下供温装置散发的热首先到达雏鹅的腹部,有利于雏鹅体内剩余卵黄的吸收。而且这种热气向上散发的同时,可将室内的有害气体一起带向上方,即使打开育雏室上方的窗户排除污浊气体,也不至于严重影响雏鹅的保温。这种热源装置大部分采用砖瓦泥土结构,费用低,尤其适宜在农村推广应用。

(二)地下暖管

地下暖管是在育雏室地面下埋入循环管道,管道上铺盖导热材料。管道的循环长度和管道的间隔根据育雏室的大小需要而设计,可用暖气或工业废热水循环散热加温,后者可节省能源和降低育雏成本,较适于在工矿企业附近的鹅场采用。采用地下暖管方式育雏的,大多在地面铺10～15 cm厚的垫料,多使用刨花、锯末、稻壳、切短的稻草,有的铺垫米糠(以后连鹅粪一起喂猪)。垫料一定要干燥、松软、无霉变,且长短适中。为防止垫料表面粪便结块,可适当地用耙齿将垫料抖动,使鹅粪落入下层。一般在肉鹅出场后将粪便与垫料一次性清除干净。

(三)煤炉

利用煤炉加热室温的方式也经常为养鹅场采用。煤炉可用铁皮制成,也可用烤火炉改制。炉上应有铁板或铸铁制成的平面盖,炉身侧面上方应留有出气孔,以便接通向室外排出煤气的通风管,道炉下部侧面(相对于出气孔的另一侧面)有一进气孔,应有用铁皮制成的调节板,由进气孔和出气管道构成吸风系统,由调节板调节进气量以控制炉温。炉管的散热过程就是对室内空气的加热过程,所以在不妨碍饲养操作的情况下,炉管在室内应尽量长些,炉管由炉子到室外要逐步向上倾斜,到达室外后应折向上方,且以超过屋檐口为好,以利于煤气的排出,否则有可能造成煤气倒逸,致使室内煤气浓度增大。煤炉升温较慢,降温也较慢,所以要及时根据室温添加煤炭和调节进风量,尽量不使室温忽高忽低。煤炉适用于小范围的育雏。在较大范围的育雏室内,它常常与保姆伞配合使用。如果单靠煤炉加温,尤其在冬季和早春,非但要消耗大量的煤炭,而且往往达不到育雏所需要的温度。

(四)锯末炉

锯末炉是用大油桶制成的、似吸风装置的炉子。在装填锯末时,在炉子中心先放一圆柱体,将锯末填实四周,压紧后将圆柱体拔出,使进风口和出气管道形成吸风回路,然后在进风口处点燃锯末,关小进风口让其自燃,这样可均匀发热。一间 20 m² 的育雏室需用 2 个锯末炉,一个燃烧大约八成时(10～16 h),将另一炉点燃接着加温,绝不能等第一炉燃光熄火后再点燃另一炉,这样会使室内温度不平稳,不利于雏鹅的健康生长。使用这种锯末炉一定要将炉中锯末填实,否则锯末塌陷易熄灭。锯末炉对能源和资金比较紧张的养鹅户更为适用。

(五)保姆伞

保姆伞的热源来自雏鹅上方。它可用铁皮、铝皮或木板、纤维板,也可用钢筋骨架和布料制成伞形,热源可用电热丝、电热板,也可用石油液化气燃烧供热,伞内有控温系统。在使用过程中,可按不同日龄鹅对温度的不同要求来调整调节器的旋钮,伞的边缘离地高度应随鹅日龄的增长而增高,以雏鹅能在保姆伞下自由活动为原则。伞内装有功率不大的吸引灯日夜照明,以引诱雏鹅集中靠近热源。一般经 3～5 天,雏鹅熟悉保姆伞后,即可撤去此吸引灯。在伞的外围应设有用苇席制成的护栏围成的小圈,暂时隔成小群。随着日龄的增长,围圈可逐渐扩大,直到1周左右可拆除。保姆伞育雏的优点是,可以人工控制和调节温度,升温较快而且平稳,室内清洁,管理亦较方便。一般要求室温在15℃以上时保姆伞工作才能有间歇,否则因持续保持运转状态有损于它的使用寿命。保姆伞外围的温度,尤其在冬季和早春显然不利于雏鹅的采食、饮水等活动,因此,通常情况下需采用煤炉来维持室温。这样以两种热源方式的配合来调节育雏室内的温度,使保姆伞可以保持正常工作状态,而育雏室内又有温差(保姆伞内外),但不会过高或过低,有利于雏鹅的健康成长。这种方式育雏的效果相当好,被不少鹅场所采用。

(六)红外线灯

使用红外线灯,可悬挂于离地面45 cm处,若室温低时,可降至离地面35 cm处,但要时常注意防止灯下局部温度过高而引燃垫料(如锯末等),以后则逐步将灯提升。每盏250 W的红外线灯保育的雏鹅数为:室温6℃时50只,12℃时70只,18℃时80只,24℃时100只。采用此法育雏,最初阶段最好也用围篱将初生雏鹅限制在一定的范围之内。此法灯泡易损,而且耗电量亦大,费用支出多。热源来自雏鹅上方时,不管用不用反射罩,小鹅总是靠辐射热来取暖。由于这种装置的辐射热很难到达保温区以外的地面,尤其在寒冷的冬季,如不采用煤炉辅助加温,而单靠上方热源加热,是很难提高室温的。雏鹅始终挤在辐射热的保温区内,容易引起挤压死亡。

(七)热风炉

热风炉按供热方式分燃煤型和电热型。

(1)燃煤型热风炉一般安装于室外,以管道将燃煤时产生的热气送入鹅舍内,当室内温度达到设定值时,控温系统会控制风机不再送入热风;当室内温度低于设定值一定范围时,控温系统会控制风机送入热风。这种加热方式热量散布均匀,室内空气清洁,尤其适用于笼养育雏。由于设备较贵,在生产中应用较少。

(2)电热型热风炉由于采用电加热,控温系统灵敏,直接安装在室内,热损较少,而且热量散布均匀,室内空气清洁,便于移动,价格也不贵,尤其适用于网养育雏和笼养育雏。

(八)散热片

散热片是地下暖管的改进,在育雏室内将多个散热片均匀分布,并以管道相连,以锅炉产生的蒸气或民用暖气及工业废热水为热源。这种加热方式热量散布均匀,室内空气清洁。和地下暖管相比,它更适用于网养育雏和笼养育雏。

四、育雏准备工作

(一)防鼠

防鼠是生物安全方案中一个重要的方面。鼠类携带大量的细菌,可以导致严重的细菌性疾病。同时,鼠类还可能对雏鹅造成伤害。防鼠应从防止饲料溢出和及时堵住鹅舍内漏洞等方面开始。此外,必须制订定期的、适宜有效的灭鼠计划,如投药(通常使用含有抗凝血物质的鼠药)。专业灭鼠人员可以协助制订适宜的程序。

(二)控制人员进入鹅舍

应尽量减少人员进入鹅舍的次数,同时严禁其他动物,包括宠物进入鹅舍。如有关人员必须进入鹅舍,则应经过淋浴和更换鹅场内使用的专用衣服,至少要换鞋。鹅舍门口的消毒池要注入合适的消毒液,并保持一定的浓度和数量,对防止疾病传入有一定的帮助。

(三)清洗

不经过清洗的消毒是无效的。清洗前应清除鹅舍内所有的鹅粪和废弃物,并清理风机、天花板、照明灯等上面的灰尘。同时,料槽中剩余的饲料也必须清除。在清除鹅粪的时候,必须确保不要遗洒在鹅舍或场区内,否则会给下一批鹅造成隐患。清扫工作完成后,开始进行清洗工作。清洗工作的重点是保证有足够的时间浸泡鹅舍和有关设备。浸泡几小时后,开始用水冲洗,冲洗按从上至下的顺序进行,应特别注意死角,以及墙壁、地面的缝隙。在进雏7天以前,必须将鹅舍及育雏用具进行彻底、全面的清扫、冲洗。

（四）消毒

进雏前 5～6 天对鹅舍的地面、墙壁用 3％～5％的火碱溶液彻底喷洒。育雏用具要用消毒液浸泡消毒。在进雏前 3 天，将各种用品及垫料放入鹅舍，关闭门窗，并保持鹅舍内温度在 20 ℃左右，用福尔马林 28～42 mL/m³熏蒸 24 h 后，进行彻底通风。

（五）消毒效果检查

清洗消毒后，应对其效果进行监测和检查。如果有必要，则重复进行一次清洗消毒工作。首先进行感官检查，确认鹅舍和设备上是否有污物。其次从鹅舍和设备表面采样，进行细菌学分析。

（六）设备的安装与调试

在消毒完毕后，就应着手安装鹅舍设备，并加以调试。如料桶、饮水器是否充足，火炉有无跑烟、倒烟现象，升温能力如何，水电供应是否正常等。只有事先将可能出现的各种情况考虑周全，才不至于遇到特殊情况时措手不及，造成不必要的损失。

（七）预温

在进雏前 24 h，将育雏舍温升到 30 ℃，湿度保持在 65％～70％。温度计和湿度计测量的高度在育雏面（地面或网面）上 5 cm 处。

（八）其他物资的准备

准备好育雏期要使用的药品、饲料、燃料、饮水、垫料等。

五、雏鹅的选择与运输

（一）选择

对于雏鹅的选择，首先用肉眼观察雏鹅精神状态和外观，选择活泼好动，反应灵敏，眼睛明亮有神，绒毛长短适中，羽毛干净有光泽，大小适中，腹部大小适中，脐带愈合良好，泄殖腔处无粪便沾黏，两脚站立较稳，喙、蹼色浓，没有任何缺陷的雏鹅，淘汰弱雏及病雏；其次用手触摸雏鹅来判断体质强弱，健雏握在手中腹部柔有弹性，用力向外挣脱，蹼及全身有温暖感;最后听雏鹅的鸣叫声,健雏叫声清脆洪亮。

(二)运输

装运雏鹅前,要对运雏工具和雏鹅箱进行消毒。雏鹅箱周围应有孔,保持良好的通风,摆放时箱子之间要有一定空隙。运雏车要求既要保温又要通风良好,切忌用敞篷车运雏。行车要平稳,防止剧烈颠簸和急刹车,途中不得停留。运输途中要经常观察,注意雏鹅箱是否歪斜、翻倒,防止雏鹅挤压或窒息死亡。运输时间选择要合适,冬季选择中午运,夏季选择早晚运,要在出壳后 24 h 以内运达育雏鹅舍。

六、雏鹅的开水和开食

(一)开水

雏鹅第一次饮水叫"开水"。雏鹅入舍后,在箱内要稍做休息,然后放入育雏间内,等大部分雏鹅有觅食行为时,便可开水。开水有多种方式,规模化生产场大多采用饮水器开水。若雏鹅不会饮水,此时必须进行调教,先抓几只雏鹅,把它的喙按入水中,这样反复2~3次便可学会饮水,有几只雏鹅学会后,其他的雏鹅很快都去模仿。第 1 天饮温开水,水温 25 ℃左右。经长途运输的雏鹅,在饮水中可添加 5% 的葡萄糖、0.1% 的维生素 C、一定量的多维片电解质。开水时千万不能让雏鹅暴饮,否则容易引起"水中毒"。"水中毒"是因暴饮,造成生理上的酸碱平衡失调。如果雏鹅较长时间缺水,为防止因骤然供水引起暴饮造成的损失,宜在饮水中按 0.9% 的比例加入食盐,这样的饮水即使暴饮也不会影响血液中正负离子的浓度,而无须担心暴饮造成的"水中毒"。

(二)开食

雏鹅第一次喂食叫"开食"。一般在开水 3~4 h 后开食。开食时最好将颗粒料喷湿(以手攥成团,落地即散为宜),撒于开食盘或塑料布上,耐心诱导采食,对于个别不采食的要人工填饲几粒饲料,待刺激其产生食欲后便可自行采食。注意湿拌料应随喂随拌,以防发霉变质。

七、育雏期环境控制

(一)温度控制

温度是培育雏鹅的首要环境条件,温度控制的好坏直接影响育雏的生长发育效果。如果温度过高,肉鹅的采食量下降,生长缓慢,抗病力降低,易患感冒及呼吸道疾病;如果温度太低,为了维持正常体温,肉鹅的耗料量增加,饲养成本上升,严重低温时雏鹅常因扎堆造成死亡。在整个育雏过程中,育雏开始时温度设在 33 ℃左右,随着日龄增长温度应该逐渐降低。不同育雏方式对育雏温度有不同要求,表5-1中建议的温度仅供参考,饲养管理人员应密切注意观察雏鹅的表现,以调整育雏温度。当雏鹅在地面(或网上)均匀分布,活动正常,采食、饮水适中时,则表示温度适宜;当雏鹅远离热源,两翅张开,卧地不起,张口喘气,采食减少,饮水增加时,则表示温度高,应设法降温;当雏鹅紧靠热源,砌堆挤压时,则表示温度低,应加温。炎热季节应注意防止舍内温度过高,寒冷季节应注意保温和防止"贼风"。进入第3周开始训练脱温,以便转群后雏鹅能够适应育成舍的温度。

表 5-1 推荐育雏温度

| 日龄 | 适用控温育雏伞(℃) | | 整体供暖 |
	控温育雏伞下	育雏舍内	(无控温育雏伞,℃)
1～2	33～32	27	32～30
3～7	32～28	27～24	29～25
8～14	28～20	24～20	25～20
5～21	20～14	20～14	20～14
育成期	室温	室温	室温

注:表中温度指雏鹅活动区域内鹅头水平高度的温度。

(二)湿度控制

湿度对雏鹅生长发育的影响不像温度那样大,但当湿度过高时易诱发细菌滋生,引起鹅疫病,高湿也会导致较严重的雏鹅啄羽现象;当湿度过低时,雏鹅易脱水,严重影响其生长发育,甚至会造成死亡。雏鹅较适宜的环境湿度是55%～65%,育雏第1周湿度要稍高些,65%左右,育雏第2周湿度要低些,60%左右,育雏第3周湿度再低些,55%左右。育雏前期湿度过低,可在火炉上放一水盆或水桶蒸发水分,或在地面、墙壁上喷水;中后期湿度过大时,应加大通风量,降低饲养密度。

（三）通风条件控制

为了防止育雏舍内有害气体浓度过高,在保证温度的前提下,应适当通风,尽量保持育雏舍内空气新鲜。大型鹅种要求的通风量比小型鹅种要大,育雏期通风量的大小随日龄的变化而变化,鹅的日龄越长要求的通风量就越大。判断舍内空气新鲜与否,以人进入舍内感到较舒适,即不刺眼、不呛鼻、无过分臭味为适宜。对于小规模鹅场,如果没有专门的通风设备,一般通过启闭门窗来通风换气。做法是在中午或天气温暖时打开门窗,视舍内温度的高低确定关闭的时间。

（四）光照控制

肉用雏鹅的光照要制定合理的标准,严格执行。光照时间长,便于雏鹅熟悉舍内饮水、采食环境。一般前1～3天给连续24 h光照,使得鹅群顺利开食,保证每只鹅均能采食到足够的日粮。从第4天开始采用22 h光照,使雏鹅逐渐适应熄灯制度。从8日龄开始每天减少1 h光照,直至采用自然光照。如果自然光照达不到每天10～12 h,可用人工补光的方法来满足。4周龄后要严格控制光照。

（五）饲养密度控制

不同品种、不同生长阶段、不同饲养方式以及不同季节,其育雏期饲养密度各不相同。一般来讲,大型肉鹅或夏季育雏,饲养密度小些;而中小型鹅或冬季育雏,饲养密度可大些。管理人员要根据具体情况,灵活掌握,及时调整雏鹅密度。不同饲养方式、不同周龄的饲养密度可参考表5-2。

表 5-2 　　　　　　　　　　　　鹅育雏期饲养密度

周龄	地面平养(只/m²)	网上平养(只/m²)
1	20～30	25～35
2	10～20	15～25
3	7～10	10～15
育成期	3～4	5～7

八、育雏期的日常饲养管理

(一)喂料、饮水

根据饲养品种推荐的采食量,制订出育雏期的饲喂计划,一般使用颗粒料。饲喂时,应遵循少添勤喂的原则。第 1 周采用开食盘饲喂,每隔 2～3 h 添料 1 次;7 日龄后,逐步撤掉开食盘,转向料槽(或料桶);10 日龄后就不用开食盘;3 周龄开始每天喂 4 次。每只雏鹅至少要有 12.5 mm 的采食位,以确保每只雏鹅都能够充分采食。随着日龄增长,要逐步调高料槽的高度,一般以料槽的上缘与鹅背相平为宜;料槽及其他饲喂用具要定期洗刷消毒。

第 1 周饮温开水,1 周后可饮自来水。饮水要清洁,前 2 周采用饮水器饮水,2 周后改为水槽饮水。每只雏鹅至少要有 9.5 mm 的饮水位,以确保每只雏鹅都能够充分饮水。饮水设备每天消毒 1 次,并保持饮水器(或水槽)长期有清洁水供应。

(二)适时分群

由于种蛋、孵化技术等多种因素的影响,同期出壳的雏鹅个体差异较大,育雏过程中的多种因素会加剧个体差异。育雏中要定期进行强弱分群、大小分群,及时挑出病雏、弱雏隔离饲养,并加强饲养管理。否则,强鹅欺负弱鹅,会发生挤死、压死、饿死弱雏的事故,生长发育的均匀度将越来越差。群体不易过大,每群以 100～150 只为宜。保持合理的密度,既有利于雏鹅的生长发育又能提高育雏室的利用效率,还可以防止

"打堆"时压伤、压死雏鹅。

(三)适时脱温

一般雏鹅的保温期为 20～30 日龄,适时脱温可以增强鹅的体质。过早脱温,雏鹅容易受凉而影响发育;保温太长,则雏鹅体弱,抗病力差,容易得病。雏鹅在 4～5 日龄时,体温调节能力逐渐增强。因此,当外界气温高时,雏鹅在 3～7 日龄可以结合放牧与放水的活动,逐步外出放牧,开始逐步脱温。但在夜间,尤其是在凌晨 2～3 时,气温较低,应注意适时加温,以免受凉。冬天在 10～20 日龄,可外出放牧活动。一般到 20 日龄左右时可以完全脱温,冬季育雏可在 30 日龄脱温。完全脱温时,要注意气温的变化,在脱温的前 2～3 天,若外界气温突然下降,也要适当保温,待气温回升后再完全脱温。

(四)卫生消毒与疾病防治

雏鹅饲养密度大,加之其自身抗病力差,患病后易传播。因此,卫生消毒和疾病预防是育雏期重要的工作之一。地面平养,育雏要保持垫料清洁干燥;网上育雏,每天按时清粪。保持鹅舍内部和周围环境的清洁卫生,鹅舍和周围环境每周消毒 1 次,带鹅消毒 1～2 次,喷雾的高度以超出鹅背20～30 cm 为宜,有疫情时增加消毒次数。饲养管理人员每次进入鹅舍时都要消毒更衣,严格按免疫程序进行免疫接种,有条件的还应适时进行抗体监测,以证明免疫的确实效果。发现病鹅,及时隔离饲养、治疗。

(五)保持环境安稳

雏鹅胆小,对外界条件的变化比较敏感,常会因噪声、老鼠或陌生人进入而惊群,表现为惊叫不止,挤压成堆,有时甚至撞死或压死,同时也会影响其正常的采食、饮水,导致增重减慢。因此,育雏期要保持舍内安静,提前采取灭鼠防鼠措施,保持管理稳定,每项管理操作都要定时、定人,要求工作人员的服装一致。

(六)观察鹅群

饲养员每天要对雏鹅进行细致的观察,具体从以下几个方面来观察:

（1）观察雏鹅的精神。健康鹅反应灵敏，饲养员进入后，紧跟不舍；病鹅反应迟钝或独居一处，匍匐不动。

（2）观察采食和饮水情况。健康鹅食欲旺盛，采食急切，饮水量适中；病鹅食欲下降或废绝。

（3）观察粪便。正常雏鹅粪便为灰黑色，上有一层白色尿盐酸，稠稀适中；患有某种疾病时，往往拉稀或颜色异常。

（4）听雏鹅的呼吸。看雏鹅有无呼吸道感染症状，如打喷嚏、张口呼吸、鼻孔处有黏液或浆液性分泌物等；关灯后，听是否有咯音、呼噜声、甩鼻等声音。如有这些情况，则说明已有病情，需做进一步的详细检查。如发现病鹅及时挑出，送兽医检查化验。

不论采取何种育雏方式，都要防止鹅群"扎堆"（即相互挤堆在一起）。雏鹅怕冷，休息时常相互挤在一起，严重时可堆积 3～4 层之多，压在下面的鹅常常发生死伤。自开食以后，应每 4 h 让鹅"起身"1 次，夜间和气温较低时，尤其要注意经常检查。"起身"即是用手轻拨，拨散挤在一起的雏鹅，使之活动，调节温度，蒸发水汽。随着日龄的增长，起身间隔延长、次数减少，同时通过合理分群、控制饲养密度和温度来避免扎堆及其伤害。

（七）生产记录

为了便于分析、评价育雏效果和核算成本，在育雏过程中要做好各项记录。记录内容可根据具体情况而定，但必须包括进雏时间、入雏数、每日耗料量、每日死亡数、体重情况、温度、湿度、光照、接种疫苗情况、投药情况等。

九、育雏效果的评价

检查育雏效果的好坏主要通过成活率、体重和均匀度等指标来衡量。在良好的饲养管理下，育雏期成活率在 95％以上，优秀鹅群可达 98％以上。如果鹅群中 90％以上的个体在平均体重±10％范围内，则认为均匀度较好。

第二节　育成鹅的饲养管理

育成鹅又称"生长鹅"或"青年鹅"，是指从 4 周龄到转入肥育时为止的鹅。在我国对于一般品种来说，就是指 4 周龄以上至 8～10 周龄的鹅（品种之间有差异），俗称"仔鹅"。育成阶段生长发育的好坏与上市肉用仔鹅的体重有密切的关系。因此，育成鹅的饲养管理也是重要的一环。

一、育成鹅的特点

雏鹅经过舍饲育雏和放牧锻炼，进入了育成阶段。这个阶段的特点是鹅的消化道容积增大，消化能力和对外界环境的适应性及抵抗力增强。此阶段也是骨骼、肌肉和羽毛生长较快的阶段，并能大量利用青绿饲料，所以以多喂青料或进行放牧饲养最为适合，这也是目前最经济的饲养方法。育成鹅饲养管理的重点是多喂青、粗饲料，或采用放牧为主、补饲为辅的饲养方式，以培育出适应性强、耐粗饲、增重快的鹅群，为转入育肥鹅打下良好的基础。

二、育成鹅的饲养

育成鹅的饲养大体有 3 种形式，即放牧饲养、放牧与舍饲结合和舍饲。传统的饲养方式大多数采用放牧饲养，因为这种形式所花饲料最少，经济效益好。但随着规模化程度的不断提高，肉鹅饲养也相对集约化，无法实现放牧，另外在养"冬鹅"时，因天气冷，没有青饲料，只能采用舍饲饲养。

育成鹅虽然无法实现放牧，但要喂给足够数量的青绿饲料，对草质要求可以比雏鹅的低些。一般来说，667 m² 人工种植牧草地可养肉鹅150 只。虽然饲喂青绿饲料可大大节约饲料成本，但也要补饲营养全面的精饲料。一般来说，育成料的代谢能为 10.5～11.5 MJ/kg，粗蛋白16%～17%，粗纤维 4.5%～6.5%，钙 1.1%～1.3%，有效磷 0.4%～

0.5%,赖氨酸 0.9%～1.1%,蛋氨酸 0.3%～0.5%,食盐 0.3%～0.4%。

三、育成鹅的管理

为了使育成鹅能快速增重,在管理上应注意做好下列事项:

(一)明确原则

应遵循"以粗代精,青粗为主,适当补饲精料"的原则,多给育成鹅饲喂优质牧草能有效降低饲料成本。

(二)勤于观察

育成鹅采食量大,消化能力好,其营养首先满足羽毛生长的要求,然后才能供其体格发育。所以,育成鹅羽毛的长速是衡量饲养好坏的标准。羽长速度慢,羽毛光泽度差、蓬松,说明饲料蛋白质含量低或氨基酸不平衡,应立即提高其蛋白质含量和必需氨基含量,反之则说明其营养充分。如鹅粪便发黑而结实,说明营养过剩或粗纤维含量粪条过低,可降低饲料粗蛋白含量或增加粗纤维含量。如鹅粪变细,说明鹅脂肪沉积过多,肠道储存脂肪,使肠道变细,影响采食量,会妨碍其生长发育。为防育成鹅过肥,可适当降低饲料能量,控制采食量,多喂糠麸类饲料。

(三)合理饲喂

鹅要少喂多餐,但随育成鹅消化器官的日渐发育,其储容量逐渐增大,每昼夜的饲喂次数可日渐减少,每天 4～5 次即可。青料和精料最好交替饲喂,每次以 7～8 成饱为宜。任何时候都要保证充足的饮水,且饮用水不能离饲料太远。有条件的鹅场最好饲喂颗粒饲料,这样可减少浪费,也能提高饲料利用率。无法提供颗粒饲料的场,可将粉料用水稍拌潮后饲喂,以减少饲料浪费,提高采食效率。

(四)舍内管理

鹅虽是水禽,但喜爱清洁干爽的环境,因此鹅舍一定要勤打扫,保持干爽卫生。除开放式鹅舍,其他鹅舍还应加强舍内通风,确保舍内空气质量良好。保持料槽和水槽清洁,经常更换垫料及清除鹅粪。保持舍内

安静,减少惊群。最好将鹅群分隔成若干个小群,每群最多不超过 300
只,以减少相互间的干扰。

(五)做好卫生、防疫工作

育成鹅除了按免疫程序做好疫苗接种工作,还应做好日常卫生工
作,每天要清理饲料槽、饮水盆,定期更换垫草,随时搞好舍内外、场区的
清洁卫生。另外,育成鹅还缺乏自卫能力,鹅棚舍要搞好防鼠、防兽害的
设施。

第三节　肥育仔鹅的饲养管理

育成鹅饲养到 8 周龄(小型鹅 9～10 周龄),虽然体重已基本达到上
市要求,也有一定的膘度,但从经济角度考虑,体重仍偏小,肥度还不够,
肉质含有一定的草腥味,主翼羽髓也未干。为了进一步提高鹅肉品质和
屠宰性能,以及羽绒利用率,可采用投给丰富能量饲料,短时间快速育
肥,育肥的时间以 15～20 天为宜。经过短期育肥后,仔鹅膘肥肉嫩,胸肌
丰厚,味道鲜美,屠宰率高,可食部分比例增大。因而,经过肥育后的鹅
更受消费者的欢迎,产品畅销,同时增加饲养户的经济收益。由于育肥
仔鹅饲养管理的状况直接影响上市肉用仔鹅的体重、膘度、屠宰率、饲料
报酬以及养鹅的生产效率和经济效益,因此,对于肉用仔鹅来说,早期的
育雏和后期的育肥具有相同的重要性。

一、育肥的原理

鹅的育肥多采用限制活动来减少体内养分的消耗,喂富含糖类的饲
料,养于安静且光线暗淡的环境中,使其长肉并促进脂肪沉积。育肥期
间,鹅所需的是大量的糖类。这些物质进入体内经消化吸收后,产生大
量的能量,供鹅活动需要。过多的能量便大量转化为脂肪,在体内储存
起来,使鹅育肥。当然,在大量供应糖类的同时,也要供应适量的蛋白
质。蛋白质在体内充裕,可使肌纤维尽量分裂繁殖,使鹅体内各方面的

肌肉特别是胸肌充盈丰满起来,整个鹅变得肥大而结实。

二、育肥前的准备

(一)育成鹅分群饲养

为了使育肥鹅群生长齐整、同步增膘,须将大群分为若干小群。分群原则是将体形大小相近、采食能力相似者分为一群,分成强群、中群和弱群三等,在饲养管理中要根据各群实际情况,采取相应的技术措施,缩小群体之间的差异,使全群达到最高生产性能,一次性出栏。

(二)驱虫

鹅体内的寄生虫较多,如蛔虫、绦虫、泄殖吸虫等,育肥前要进行一次彻底驱虫,对提高饲料报酬和育肥效果极有好处。驱虫药应选择广谱、高效、低毒的药物。

三、育肥方法

育肥前应有育肥过渡期,或称"预备期",逐渐适应后开始育肥饲养,一般为1周左右。采用的育肥方法有放牧加补饲育肥法和圈养限制运动育肥法。

(一)放牧加补饲育肥法

这是较为传统的育肥方法,适用于规模较小的群体。放牧加补饲育肥法俗称"蹓茬子",根据育肥季节的不同,进行蹓野草地、麦茬地、稻田地,采食收割时遗留在田里的粒穗,边放牧边休息,定时饮水。放牧加补饲育肥法是我国民间广泛采用的一种最经济的育肥方法,如果白天吃得很饱,晚上或夜间可不必补饲精料。如果育肥的季节赶到秋前(籽粒没成熟)或秋后(蹓茬子季节已过),放牧时鹅只能吃野草,那么晚上和夜间必须补饲精料,能吃多少喂多少,吃饱的鹅颈的右侧会出现一假颈(嗉囊膨起)。吃饱的鹅有厌食动作,摆脖子下咽,嘴角不停地往下点。补饲必须用全价配合饲料,或压制成颗粒料,可减少饲料浪费。补饲的鹅必须饮足水,尤其是夜间不能停水。

(二)圈养限制运动育肥法

圈养限制运动育肥法是规模化饲养较常采用的一种育肥方法,也称"直线育肥法"。育肥期自由采食,可先喂青料50%,后喂精料50%,也可精青料混合饲喂。在饲养过程中要注意鹅粪的变化,当逐渐变黑,粪条变细而结实,说明肠管和肠系膜开始沉积脂肪,应改为先喂精料80%,后喂青料20%,逐渐减少青粗饲料的添加量,促进其增膘,缩短肥育时间,提高育肥效益。一般来说,育肥料的代谢能为 $11\sim12$ MJ/kg,粗蛋白15%左右,粗纤维 4%$\sim$6%,钙 1.1%$\sim$1.3%,有效磷 0.4%$\sim$0.5%,赖氨酸0.9%$\sim$1.1%,蛋氨酸 0.3%$\sim$0.5%,食盐 0.3%$\sim$0.4%。

四、育肥标准

经育肥的仔鹅,体躯呈方形,羽毛丰满,整齐光亮,胸肌丰满。根据翼下体躯两侧的皮下脂肪,可把肥育膘情分为 3 个等级。

(1)上等肥度鹅:皮下摸到较大结实、富有弹性的脂肪块,遍体皮下脂肪增厚,尾椎部丰满,胸肌饱满突出,羽根呈透明状。

(2)中等肥度鹅:皮下摸到板栗大小的稀松小团块。

(3)下等肥度鹅:皮下脂肪增厚,皮肤可以滑动。

当育肥鹅达到中、上等肥度即可上市出售。肥度都达中等以上,体重和肥度整齐均匀,说明肥育成绩优秀。

第六章　种鹅的饲养管理

第一节　后备种鹅的饲养管理

中鹅养到 70 日龄左右,要对混群鹅进行选择。按照各品种体貌,选出体躯匀称、体重相似的整齐鹅群,作为产蛋鹅的后备群,称"后备种鹅",也就是 70 日龄或 10 周龄以后到产蛋或配种之前准备作种的仔鹅。

后备种鹅的特点大体上与肥育仔鹅相同,在生理上也处于生长发育期。不过,肥育仔鹅饲养管理的目的是育肥,时间较短,不等第二次换羽到来就上市或屠宰,而后备种鹅饲养管理的目的是提高种用价值,为产蛋或配种做准备。因此,两者的饲养管理有明显的不同。

一、后备种鹅的选择

选好后备种鹅,是提高种鹅质量的重要一环。需要强调的是,除考虑育种要求,还要考虑种鹅的生产季节和未来的种用季节。如江苏省通常从 2～3 月出壳的雏鹅中挑选。这些鹅出壳后气候转暖,青料较多,到中鹅后期又赶上夏熟放麦茬,一般生长发育较好。到 11 月下旬即可见蛋,春节前可产齐蛋,正赶上大量孵化的需要。此外,由于公鹅性成熟比母鹅早,故而选留公鹅的时间可推迟 1 个月左右。这样做,不仅在繁殖上比较有利,而且后备种鹅可以少养 1 个月左右,可节省较多的饲料、工时。

在广东省,多选 10～11 月出壳、12 月至翌年 1 月中鹅阶段结束的优良仔鹅作种用,以便赶上 9 月产蛋。

二、后备种鹅的饲养管理技术

依据后备种鹅生长发育的特点,通常将整个后备期分前期、中期和后期 3 个阶段,并分别采取不同的饲养管理措施。

(一)前期调教合群

70～100 日龄为前期,晚熟品种还要长一些。后备种鹅是从种鹅群中挑选出来的优良个体,有的甚至是从上市的肉用仔鹅当中选留下来的,往往不是来自同一鹅群,把它们合并成后备种鹅的新群后,由于彼此不熟悉,常常不合群,甚至出现"欺生"现象,必须先通过调教让它们合群。这是管理上的一个重点。

这个阶段的鹅处于生长发育时期,而且还要经过第二次换羽,需要较多的营养物质,不宜过早进行粗放饲养,应根据放牧场地草质的好坏,逐渐减少补饲的次数,并逐步降低补饲日粮的营养水平,使青年鹅机体得到充分发育,以便顺利地进入限制饲养阶段。

如果是舍内饲养,则要求饲料足,定时、定量,每天喂 3 次。生长阶段要求日粮中的粗蛋白质为 12%～14%,每千克含代谢能 10～10.9 MJ。每日应根据放牧或投喂青料情况补喂精料 2～3 次。日粮中各类饲料所占比例分别为谷物饲料 40%～50%、糠麸类饲料 10%～20%、蛋白质料 10%～15%、填充料(统糠等粗料)5%～10%,青饲料是精料的 2～3 倍。

(二)中期限制饲养

后备种鹅经第二次换羽后,如供给足够的饲料,经 50～60 天便可开始产蛋。但此时由于种鹅的生长发育尚不完全,个体间生长发育不整齐,开产时间便参差不齐,导致饲养管理十分不方便。加上过早开产的蛋较小,母鹅产小蛋的时间较长,种蛋的受精率低,达不到蛋的种用标准,降低经济收入。因此,这一阶段应对种鹅采取限制饲养,适时达到开产日龄,比较整齐一致地进入产蛋期。

限制饲养一般从100日龄开始,至开产前30~40天结束。控料阶段分前后两期。前期约30天,在此期内应逐渐降低饲料营养,每日由给食3次改为2次。尽量增加放牧时间或青料供给,逐步减少每次投喂的精料量。控料阶段母鹅的日平均饲料用量一般比生长阶段少50%~60%。饲料中加入较多的填冲粗料(如统糠),目的是锻炼消化能力,扩大食道容量。粗蛋白水平可下降至8%~10%,饲料配合可用谷物类40%~50%、糠麸类20%~40%、填充料10%~20%。经前期30天的控料饲养,后备种鹅的体重比控料前略有下降,羽毛光泽逐渐减退,但外表体态应无明显变化,放牧时的采食量明显增加。此时,如后备母鹅健康状况正常,可转入控料阶段后期。后备母鹅经控料阶段前期饲养的锻炼,采食青草的能力增强,在草质良好的牧地可不喂或少喂精料。在南方,控制饲养阶段如遇盛夏,为使鹅在中午能安静休息避暑,可在中午喂1次精料。在放牧条件较差或青料较少的情况下应喂2次,喂食时间在中午及晚上9点左右。鹅喜采食带露水的青草,应利用早晨及傍晚前气温较低的时间尽量放牧。控料阶段后期为30~40天,此期的饲料配比为谷物类40%~50%、糠麸类20%~30%、填充料20%~30%。经控制饲养的后备母鹅体重允许下降20%~25%,羽毛失去光泽,体质略为虚弱,但无病态,食欲和消化能力正常。限制饲养阶段无论给食次数多少,补料时间应在放牧前2 h左右,以防止鹅因放牧前饱食而不采食青草;或在放牧后2 h补饲,以免养成收牧后有精料采食,便急于回巢而不大量采食青草的坏习惯。

后备公鹅在控制饲养阶段应与母鹅分群饲养。为了保持公鹅有一定的体重和健康的体质,饲料配比应全期保持在母鹅控料阶段前期的水平,每天补饲2次以上,但必须防止因饲料营养水平过高而提早换羽。

(三)限制饲养阶段的注意事项

1.注意观察鹅群动态

在限制饲养阶段,随时观察鹅群的精神状态、采食情况等,发现弱鹅、伤残鹅等要及时剔除,进行单独的饲喂和护理。弱鹅往往表现出行动呆滞,两翅下垂,食草没劲,两脚无力,体重轻,放牧时落在鹅群后面,严重者卧地不起。对于个别弱鹅应停止放牧,进行特别管理,可饲喂质量较好且容易消化的饲料,到完全恢复后再放牧。

2.合理选择放牧场地

应选择水草丰富的草滩、湖畔、河滩、丘陵以及收割后的稻田、麦地等。放牧前,先调查牧地附近是否喷洒过有毒药物,否则必须经 1 周以后,或下大雨后才能放牧。

3.注意防暑

育成期的种鹅往往处于 5～8 月,气温高。放牧时应早出晚归,避开中午酷暑,早上天微亮就应出牧,上午 10 时左右将鹅群赶回圈舍,或赶到阴凉的树林下让鹅休息,到下午 3 时左右再继续放牧,待日落后收牧,休息的场地最好有水源,以便于饮水、戏水、洗浴。放牧时应防止雷阵雨的袭击,如走避不及可将鹅赶入水中。晚上可让鹅在运动场过夜,将鹅舍和运动场的门敞开,既有利通风降温,又便于鹅自由进出。运动场上应点灯,防止兽害。

4.搞好鹅舍的清洁卫生

每天清洗食槽、水槽以及更换垫料,保持垫草和舍内干燥。

(四)后期加料促产

经限制饲养的种鹅,应在开产前30～40 天进入恢复饲养阶段。此时种鹅的体质较弱,应逐步提高补饲日粮的营养水平,并增加喂料量和饲喂次数。如在 11 月开产的母鹅应从 9 月下旬起逐步改变饲料和管理方法,逐步提高饲料质量,营养水平由原来的粗蛋白质 8％～10％提高到10％～12％,每天早晚各喂料 1 次,让鹅在傍晚时仍能采食多量的牧草。饲料配比:谷物类 50％～60％,糠麸类 20％～30％,蛋白质饲料 5％～10％,填充料 10％～15％。用这种饲料经 20 天左右饲养,后备母鹅的体质便可恢复到控料阶段前期的水平。此时再用同一饲料每天早、中、晚给食 3 次,逐渐增加喂量。做到饲料多样化,不定量,青饲料充足,增喂矿物质饲料促进母鹅进入"小变",即体态逐步丰满。然后增加精料用量,让其自由采食,争取及早进入"大变",即母鹅进入临产状态。初产母鹅全身羽毛紧贴,光洁鲜明,尤其颈羽显得光滑紧凑,尾羽与背羽平伸,后腹下垂,耻骨张开达3指以上,肛门平整呈菊花状,行动迟缓,食欲大增,喜食矿物质饲料,有求偶表现,想窝恋巢。后备公鹅的精料补充应提前进行,促进其提早换羽,以便在母鹅开产前具有充沛的体力、旺盛的食欲。

后备公鹅应比母鹅提前2周进入恢复期,由于公鹅在控料阶段的饲料营养水平较高,进入恢复期可用增加料量来调控,每天给食由2次增至3次,使公鹅较早恢复。

进入恢复期的种鹅,有的开始陆续换羽,为了换羽整齐,节省饲料,应进行人工拔羽。拔羽时间应在种鹅体质恢复后,而羽毛未开始掉落前。人工拔羽应在晴天进行,拔羽时把主副翼羽及尾羽全部拔光。拔羽后应加强饲养管理,提高饲料质量,饲料中含粗蛋白12%～14%。公鹅的拔羽期可比母鹅早2周左右进行,使后备种鹅能整齐一致地进入产蛋期。

(五)做好免疫工作

这一阶段在管理上的重要工作之一是进行防疫接种,如注射禽流感、副黏病毒、蛋子瘟和小鹅瘟疫苗等。小鹅瘟疫苗要选择适用于种鹅的毒株,一般都在产蛋前注射,如在开产后注射,势必因对疫苗有反应而影响产蛋。母鹅在注射疫苗15天后所产的蛋都可留着孵化,其含有母源抗体,孵出的雏鹅已获得了被动免疫力。

第二节　产蛋鹅的饲养管理

饲养种鹅的目的,在于获取较多的种蛋,为肉鹅业提供生产性能高、体质健壮的雏鹅。由于饲养措施不同,种鹅生产成绩常有较大的差异。因此,如何制订合理的饲养管理模式,充分发挥种鹅的生产潜力,是养鹅生产的关键环节之一。产蛋鹅的特点是,生长发育已经大体完成,对各种饲料的消化能力很强,第二次换羽也已完成,生殖器官发育成熟并进行繁殖。这一阶段能量和养分的消耗主要用在繁殖上,因此,饲养管理必须与产蛋或留种相适应。

一、种鹅的选种

通常采用的选种方法是根据体形外貌和生理特征选种,或根据记录资料选种。有条件时,尽可能将两种方法结合起来选种。

(一)根据体形外貌进行选种

外貌特征在一定程度上可反映种鹅的生长发育、健康和生产性能状况。根据体形外貌进行选种,是鹅群发育工作中通常采用的简单、快速的选种方法,特别适用于不进行个体记录的生产商品鹅的种鹅场。

根据体形外貌进行选种从种蛋开始,到雏鹅、育成鹅、产蛋鹅,每一个阶段都要按该品种的固有特征(蛋壳颜色,雏鹅绒毛颜色,成年鹅的羽毛颜色、体形,肉瘤、蹼、胫的颜色)确定选择标准,进行严格的挑选,凡不符合标准即淘汰。选择种鹅从雏鹅开始,一般需经过雏鹅选种、青年鹅选种、后备种鹅选种、产蛋后选种等 4 次,才能选出较优良的种鹅。

1.雏鹅选种

雏鹅选择一般是在出壳后 12 h 以内进行。选留的标准是雏鹅血统要记录清楚,来自高产个体或群体的种蛋,种雏应具备该品种特征(如绒毛、胫、蹼的颜色和出壳重),雏体健康。杂色雏鹅、弱鹅等不符合品种要求,以及出壳太重或太轻的干瘦、大肚脐、眼睛无神、行动不稳和畸形的弱雏应淘汰,或作为商品肉鹅饲养。

2.青年鹅选种

青年鹅选种是指雏鹅 30 日龄脱温后转群之前的留种选择,主要根据发育速度、体形外貌和品种特征选择。具体要求是生长发育快,脱温体重大。大雏的脱温体重,应在同龄、同群平均体重以上,并符合品种发育的要求;体形结构良好,羽毛生长正常,符合品种或选育标准要求;体质健康、无疾病史的个体。淘汰那些脱温体重小、生长发育落后、羽毛生长慢以及体形结构不良的个体。

3.后备种鹅选种

后备种鹅的选种是指中鹅阶段（70～80日龄）饲养结束后转群前的选留。符合种鹅要求的个体转入后备种鹅群，不符合种用标准的个体转入肉用仔鹅育肥群。基本要求是后备种公鹅要求体形大，体质结实，各部结构发育均匀，肥度适中，头大适中，两眼有神，蹼正常无畸形，颈粗而稍长（作为生产肥肝的品种颈应粗而短），胸深而宽，背宽长，腹部平整，脚粗壮有力、长短适中，裆距宽，行动灵活，叫声响亮。选留公鹅数要比按配种的公母比例多20%～30%作为后备。后备种母鹅要求体重大，头大小适中，眼睛灵活，颈细长，体形长而圆，前躯浅窄，后躯宽深，臀部宽广。

4.成年种鹅选种

成年种鹅的选留是指选留的后备种鹅已进入性成熟期，转入种鹅群生产阶段前，对后备种鹅进行复选和定选。要在后备种鹅选留的基础上进行严格选留和淘汰，淘汰那些体形不正常，体质弱，健康状况差，羽毛混杂，肉瘤、蹼、胫颜色不符合品种要求的个体。特别是对公鹅的选留，要进一步检查性器官的发育情况，严格淘汰阴茎发育不良的公鹅，选留阴茎发育良好、性欲旺盛、精液品质优良的公鹅。

5.经产种鹅选种

经产种鹅是指具有1～2年以上生产记录的种鹅。第一个产蛋周期产蛋结束后，根据母鹅的开产期、产蛋性能、蛋重、受精率和就巢情况选留。有个体记录的还可以根据后代生产性能和成活率、生长速度、毛色分离等情况进行鉴定。在选留种鹅时，种母鹅应生产力好，颈短身圆，眼亮有神，性情温顺，善于采食，生长健壮，羽毛紧密，前躯较浅，后躯较宽，臀部圆阔，脚短匀称，尾短上翘，产蛋率高，具有品种特征。种母鹅必须经过一个冬春的产蛋观察才能定型，必须年产蛋数多才留作种鹅；种公鹅应遗传性好，发育正常，叫声洪亮，体大脚粗，肉瘤凸出，体形高大,性欲旺盛,采食力强,羽毛紧凑,健康无病,配种力强,具有显著的品种雄性特征。公母鹅的留种比以 1∶6 为宜,公母合群饲养,自由交配。

(二)根据记录资料进行选种

单凭体形外貌进行选种,难以准确地选出具有优良性能,并能把优良性状真实遗传给后代的种鹅。只有依靠科学的记录资料,进行统计分析,才能保证选择的正确。为此,种鹅场必须对种鹅的产蛋量、蛋重、蛋形指数、开产日龄、饲料消耗量、公鹅的受精率、种蛋孵化率、雏鹅初生重、4 周龄体重、8 周龄体重、育成期末体重、开产期体重(肝用品种还要测定种鹅后裔的肥肝重)等生产性能指标进行比较系统的测定和记录,然后利用这些资料采用适当方法选种。

1.根据系谱资料选种

根据系谱资料选种就是根据双亲及祖代的成绩进行选择,因为亲代的表现,在遗传上有一定的相似性,可以据此对被选的种鹅作出大致的判断。在运用系谱资料进行分析时,血缘关系愈近则影响愈大,即亲代的影响比祖代大,祖代比曾祖代大。

2.根据本身成绩选种

系谱资料反映的是上代的情况,只说明生产性能可能会怎样,而本身的成绩,则说明其生产性能已经怎样了,这是选种工作的重要根据。但依据本身成绩进行的选择,只有应用于遗传力高的性状,才能取得明显的选择效果,而遗传力低的性状,选择的效应很差。

3.根据同胞成绩选种

同父母的兄弟姐妹叫"全同胞",同父异母的或同母异父的兄弟姐妹叫"半同胞"。它们之间有共同的祖先,在遗传上有一定的相似性,尤其是在选择母鹅的产蛋性能时,可以作为主要的依据之一。

4.根据后裔成绩选种

以上 3 种选择,可以比较准确地选出优秀的种鹅,但它是否能够真实稳定地将优秀性状遗传给下一代,还必须进行后裔测定,了解下一代子女的成绩,选择才能更准确、更有效。

二、种鹅的饲养方式

种鹅饲养若以舍饲为主、放牧为辅,既可降低饲料成本,又利于提高母鹅的产蛋率。但随着规模化程度的提高,种鹅大多采用舍饲。

(一)地面平养

种鹅饲养在地面上,舍外设置运动场和洗浴池,在目前的生产中较为常用。

(二)网上平养

网上平养时,网板占鹅舍面积的 20%～25%,网上放饮水器和食槽,鹅舍前有洗浴沟和硬地面的运动场。洗浴沟水深 20～30 cm,每周换水和清沟 1～2 次。为防止水中出现浮游生物,可按每 100 L 水加 1 g 硫酸铜进行处理。栅上平养时,板条地面由上宽 2 cm、底宽 1.5 cm、高 2.5 cm 的梯形木条组成,木条间的距离为 1.5 cm。

三、鹅群结构

合理的鹅群结构不但是组织生产的需要,也是提高繁殖力的需要。在生产中要及时淘汰过老的公母鹅,补充新的鹅群。母鹅前 3 年的产蛋量最高,以后开始下降。所以一般母鹅利用年限不超过 3 年。公鹅利用年限也不宜超过 3 年,越年轻越好。高产的小型鹅种大多只利用 1 个产蛋周期。

四、种母鹅的饲养管理技术

(一)产蛋期的饲养管理

母鹅经过产蛋准备期的饲养,换羽完毕,体重逐渐恢复,陆续转入产蛋期。临产前母鹅表现为羽毛紧凑,有光泽,尾羽平直,肛门平整,周围有一个呈菊花状的羽毛圈,腹部饱满,松软而有弹性,耻骨间距离增宽,采食量增加,喜食无机盐饲料,有经常点头寻求配种的姿态,母鹅之间互相爬踏。开产母鹅有衔草做窝现象,说明即将开始产蛋。

1.饲养管理

(1)饲料。营养是决定母鹅产蛋率高低的重要因素。种鹅在产蛋配种前20天左右开始喂给产蛋饲料。对于产蛋鹅的日粮,要充分考虑母鹅产蛋所需的营养,尽可能按饲养标准配制。由于我国养鹅业比较落后,以粗放饲养为主,南方又多以放牧为主,舍饲日粮仅仅是一种补充,所以我国鹅的饲养标准至今不太完善,这也影响了现代养鹅业的发展。在以舍饲为主的条件下,建议产蛋母鹅日粮营养水平为代谢能 $10\sim11$ MJ/kg,粗蛋白 $14\%\sim16\%$,粗纤维 $5\%\sim8\%$(不高于 10%),赖氨酸 $0.8\%\sim1.0\%$,蛋氨酸 $0.35\%\sim0.45\%$,钙 2.3%,有效磷 0.4%,食盐 0.3%。维生素对鹅的繁殖有着非常重要的影响,维生素 E、维生素 A、维生素 D_3、维生素 B_1、维生素 B_2、烟酸、泛酸必须满足。使用分装维生素时,考虑到效价等问题,须在说明书供给量的基础上增加 20% 的用量。种鹅精料不能以稻谷为主,这样会导致营养单一,致使产蛋少,种蛋受精率低。为提高种鹅产蛋量和种蛋的受精率,以配合饲料饲喂种鹅效果较好,因为配合饲料营养较全,含有较高的蛋白质、钙、磷及微量元素,能够满足种鹅产蛋对营养的需要,所以产蛋多,种蛋受精率高。饲料喂量一般每只每天补充精料 $150\sim200$ g,分 3 次喂给,其中 1 次在晚上,1 次在产完蛋后。

种鹅喂青绿多汁饲料可大大提高产蛋率、种蛋受精率和孵化率。有条件的地方应于繁殖期多喂些青绿饲料。

(2)饮水。鹅蛋含有大量水分,鹅体新陈代谢也需水分,所以供给产蛋鹅充足的饮水是非常必要的。鹅舍内应保持有清洁的饮水。产蛋鹅夜间饮水与白天一样多,所以夜间也要给足饮水,满足鹅体对水的需求。我国北方早春气候寒冷,饮水容易结冰,产蛋母鹅饮用冰水对产蛋有影响,应给予 12 ℃的温水,并在夜间换 1 次温水,防止饮水结冰。

2.环境管理

为鹅群创造一个良好的生活环境,是保证鹅群高、产、稳产的基本条件。

(1)产蛋鹅的适宜温度。鹅的生理特点是：羽绒丰满，绒羽含量较多；皮下有脂肪而无皮脂腺，只有发达的尾脂腺，散热困难，所以耐寒而不耐热，对高温反应敏感。夏季气温高，鹅停产，公鹅精子无活力；春节过后气温比较寒冷，但鹅只陆续开产，公鹅精子活力较强，受精率也较高。母鹅产蛋的适宜温度是8～25 ℃，公鹅产壮精的适宜温度是10～25 ℃。在管理产蛋鹅的过程中，应注意环境温度。

(2)产蛋鹅的适宜光照时间。鹅对光照反应敏感，一定的光照时间对产蛋有影响。种鹅的饲养大多采用开放式鹅舍、自然光照制度。北方长光照鹅种需在晚上开灯补充光照，使每天实际光照达到 15 h 左右，可促使母鹅在冬季增加产蛋量，但南方短光照鹅种缩短光照（每昼夜 10 h 左右）可增加产蛋量。

(3)鹅舍的通风换气。鹅舍封闭较严，鹅群长期生活在舍内会使舍内空气污浊，氧气减少，既影响鹅体健康，又使产蛋量下降。为保持鹅舍内空气新鲜，除控制饲养密度（舍饲 1.5～2 只/m²），还要使鹅舍通风换气，及时清除粪便、垫草。舍内要有换气孔，经常打开换气孔换气，始终保持舍内空气的新鲜。

3.配种管理

为了提高种蛋的受精率，除考虑种鹅的营养需要，还必须注意公鹅的健康状况和公母比例。鹅的自然交配多在水上进行，掌握鹅的下水规律，使鹅能得到交配的机会，这是提高受精率的关键。要求种鹅每天有规律地下水 2～3 次。第一次下水交配在早上，从栏舍内放出后即将鹅赶入水中，早上公母鹅的性欲旺盛，要求交配者较多，应注意观察鹅群的交配情况，防止公鹅因争配打架而影响受精率。主要抓好早晚 2 次配种。配种环境的好坏，对受精率有一定影响。在设计水面运动场时，面积不宜过大，会使鹅群分散，配种机会少；过小，鹅群又过于集中，致使公鹅相互争配而影响受精率。人工辅助配种可以提高受精率，但比较麻烦，且公鹅需经一段时间的调教，所以只适合在农家散养及小群饲养情况下进行。

在自然交配条件下,合理的性比例和繁殖小群能提高鹅的受精率。一般大型鹅种公母配比为 1:(3～4),中型鹅 1:(4～6),小型鹅 1:(6～7)。繁殖配种群不宜过大,一般以 50～150 只为宜。鹅属水禽,喜欢在水中戏水配种,有条件的应该每天给予一定的放水时间,以多创造配种机会,提高种蛋受精率。

在大、小型品种间杂交时,公母鹅体格相差悬殊,自然配种困难,受精率低,可采用人工辅助配种的方法,此法也属于自然配种。方法是先把公母鹅放在一起,使之相互熟悉,经过反复的配种训练建立条件反射,当把母鹅按在地上、尾部朝向公鹅时,公鹅即可跑过来配种。

人工授精是提高鹅受精率最有效的方法,还可大大缩小公母比例,提高优良公鹅利用率,减少经性途径传播的疾病。采用人工授精,1 只公鹅的精液可供 12 只以上母鹅输精。一般情况下,公鹅 1～3 天采精 1 次,母鹅每 5～6 天输精 1 次。

4. 产蛋管理

鹅的繁殖有明显的季节性,1 年只有一个繁殖季节(南方一般为 10 月至翌年 5 月,北方一般为 1～7 月)。

母鹅的产蛋时间大多数在下半夜至上午 10 时以前。鹅产蛋时有择窝的习性,形成习惯后不易改变。为便于管理,提高种蛋质量,必须训练母鹅在种鹅舍内的固定地方产蛋,不可放任自流,任其随处产蛋,致使漏捡种蛋及种蛋被污染等情况发生,造成不必要的经济损失。初产母鹅还不会回窝产蛋,如发现在其他地方产蛋时,就应将母鹅和蛋一起带回产蛋间,放在产蛋巢内,用竹箩盖住,逐步教会它回巢产蛋。

地面饲养的母鹅大约有 60% 习惯于在窝外地面产蛋,有少数母鹅产蛋后有用草遮蛋的习惯,而蛋往往被踩坏,造成损失。因此,在母鹅临产前 15 天左右应在鹅舍内墙周围安放产蛋箱。产蛋箱的规格是:宽 40 cm,长 60 cm,高 50 cm,门槛高 8 cm,箱底铺垫柔软的垫草。每 2～3 只母鹅设 1 个蛋箱。母鹅一般是定窝产蛋,第一次在哪个窝里产蛋,以后就一直在这个窝里产蛋。母鹅在产蛋前一般不爱活动,东张西望,不断鸣叫,这是要产蛋的行为。发现这样的母鹅,要捉入产蛋箱内产蛋,以后便会主动找窝产蛋。

产蛋箱内的垫草要经常更换,保持清洁卫生,种蛋要随下随捡,一定要避免污染种蛋。被污染蛋表面致病菌数量要比正常种蛋高出几十倍,孵化率、雏鹅成活率都非常低。每天应捡蛋 4～6 次,这样既可防止种蛋被弄脏,而且在冬季还可防止种蛋受冻而降低孵化率。收集种蛋后,先进行熏蒸消毒,然后放入蛋库保存。

人工孵化方法已经普及,需做好就巢鹅的处理工作。发现就巢母鹅应立即隔离,把母鹅迁离鹅舍,放在无垫草而较冷的围栏内,停止喂料,给足饮水。在晴朗天气可把就巢鹅放在露天的围栏内,每天可喂些营养水平较差的饲料,使母鹅的体质不过于下降,醒巢后能迅速恢复产蛋。此外,也可采用药物醒抱。

5. 注意观察

每天详细观察种鹅的采食、产蛋、粪便和各种行为表现,以发现问题,把隐患消灭在萌芽状态,减少损失。

6. 减少应激

减少应激理论近年来已被普遍使用于养禽业。鹅的生活环境中存在着无数种致应激因素,如恐惧、惊吓、斗殴、临危、兴奋、拥挤、驱赶、气候变化、设备变换、停电、照明和饲料改变、大声吆喝、粗暴操作、随意捕捉等,所有这些都会影响鹅的生长发育和产蛋量。有经验的饲养员很忌讳养鹅环境的突然变化。在饲料中添加维生素 C 和维生素 E 有缓解应激的作用。

7. 卫生管理

经常注意舍内外卫生,舍内垫草须勤换,使饮水器和垫草隔开,以保持垫草良好的卫生状况。垫草一定要洁净,不霉不烂,以防发生曲霉菌病。污染的垫草和粪便要经常清除。舍内要定期消毒,特别是春、秋两季结合预防注射对食槽、饮水器和积粪场围栏等鹅经常接触的场内环境进行一次大消毒,以防疾病的发生。

8.疾病控制

种鹅场要实行封闭式饲养管理,制定定期消毒制度,专人负责。在鹅场进出道路口建好消毒池,人员进出要进行消毒。定期对鹅舍、食槽和其他用具进行消毒。病死鹅要深埋做无害化处理,不要随意乱丢乱抛。对蛋筐、人员鞋帽、衣服和运输工具等定期进行消毒,防止致病源带入种鹅场。消毒药物要交替使用,浓度按照说明书正确使用。

(二)停产期的饲养管理

除品种不同,母鹅每年的产蛋期因各地区气候不同而异。一般情况下,当种鹅在经过一个冬春繁殖期后,必将进入夏季高温休产期。为了做到既降低休产期的饲养成本,又保证下一个繁殖周期的生产性能,必须根据成年种鹅耐粗饲、抗病力强等特点进行饲养管理。

鉴别产蛋鹅和停产鹅一般可采用"五看""四摸"的方法进行鉴别。

"五看":一看母鹅的食欲。饲喂时,产蛋鹅食欲旺盛,停产鹅食欲欠佳。二看母鹅的背部。产蛋鹅背较宽,胸部阔深,而停产鹅背部较窄。三看躯体。产蛋鹅躯体深、长、宽,停产鹅躯体短、窄。四看鹅的羽毛。产蛋鹅换羽晚,羽毛蓬乱,不油亮,不光滑,发污;停产鹅换羽早,羽毛新鲜、发亮。五看母鹅的肛门。产蛋鹅肛门括约肌松弛呈半开状态,富有弹性,而且有湿润感;停产鹅肛门呈收缩状,没有弹性,较干燥。

"四摸":一摸耻骨。产蛋鹅耻骨间距宽,可容得4指以上;停产鹅耻骨间距窄,只能容得下2指。二摸腹部。产蛋鹅腹部大且柔软、下垂,臀部丰满;停产鹅腹小且硬,臀部不丰满。三摸皮肤。产蛋鹅皮肤柔软,富有弹性,皮下脂肪少;停产鹅皮下脂肪多。四摸耻骨和胸骨间的距离。产蛋鹅耻胸距离达一手掌以上,停产鹅耻胸距离很近。

1.休产前期的饲养管理

这一时期的工作要点是逐渐减少精料用量、人工拔羽、种群选择淘汰与新鹅补充。停产鹅的日粮由精改为粗,即转入粗饲期,目的是消耗母鹅体内的脂肪,促使羽毛干枯,容易脱落。此期喂料次数逐渐减少到每天1次或隔天1次,然后改为3~4天喂1次。在停喂精料期间,要保证鹅群有充足的饮水。经过 12～13 天,鹅体消瘦,体重减轻,当主翼羽和主尾羽出现干枯现象时,则可恢复喂料。待体重逐渐回升,约 1 个月之后,就可进行人工拔羽。人工拔羽就是人工拔掉主翼羽、副主翼羽和主尾羽。处于休产期的母鹅比较容易拔下,如拔羽困难或拔出的羽根带血时,可停喂几天饲料(青饲料也不喂),只喂水,直至鹅体消瘦,容易拔下主翼羽为止。拔羽后必须加强饲养管理。拔羽需选择在温暖的晴天,切忌在寒冷的雨天进行,拔后的 2 天内应将鹅圈养在运动场内喂料、喂水、休息,不能让鹅下水,以防毛孔感染引起炎症。3 天后就可放水,但要避免曝晒和雨淋。在种鹅休产期可进行 2～3 次人工拔羽,第 1 次在 6 月上旬进行,约 40 天后进行第 2 次拔羽,如果计划安排得好,可拔羽 3 次。每只种鹅在休产期可增加经济收入 20～30 元。种群选择与淘汰主要是根据前次繁殖周期的生产记录和观察,对繁殖性能低,如产蛋量少、种蛋受精率低、公鹅配种能力差、后代生活力弱的种鹅个体进行淘汰。为保持种群数量的稳定性和生产计划的连续性,还要及时培育、补充后备优良种鹅,一般地,种鹅每年更新淘汰率为 25%～30%。

2.休产中期的饲养管理

这一时期主要是做好防暑降温、放牧管理工作,以保障鹅群健康安全。要充分利用野生牧草、水草等,以减少饲料成本投入。夏季野生牧草丰富,但天气变化剧烈。因此在饲养上,要充分利用种鹅耐粗饲的特点,全天放牧,让其采食野生牧草。农作物收获后的青绿茎秆也可以用作鹅的青绿饲料。只要青粗料充足,全天可以不补充精料。在管理上,放牧时应避开中午高温和暴风雨恶劣天气。放牧过程中要适时放水洗浴、饮水,尤其要时刻关注放牧场地及周围农药施用情况,尽量减少不必要的鹅群损害。这一时期结束前,还要对一些残次鹅进行一次选择淘汰。

3.休产后期的饲养管理

这一时期的主要任务是种鹅的驱虫防疫、提膘复壮,为下一个产蛋繁殖期做好准备。为保障鹅群及下一代的健康安全,要选用安全、高效驱虫药进行 1 次鹅体驱虫,驱虫 1 周内的鹅舍粪便、垫料要每天清扫,堆积发酵后再作农田肥料,以防寄生虫的重复感染。驱虫 7～10 天后,根据当地周边地区的疫情动态,及时做好小鹅瘟、禽流感等一些重大疫病的免疫预防接种工作。夏季过后,进入秋冬枯草期,要抓好青绿饲料的供应,并逐步增加精料补充量。可人工种植牧草,如适宜秋季播种的多花黑麦草等,或将夏季过剩的青绿饲料经过青贮保存后留作冬季供应。精料尽量使用配合料,并逐渐增加喂料量,以便尽快恢复种鹅体膘,适时进入下一个繁殖生产期。管理上还要做好种鹅舍的修缮、产蛋窝棚的准备等。必要时晚间增加 2～3 h 的人工光照,促进产蛋繁殖期的早日到来。

五、种公鹅的饲养管理技术

种公鹅饲养管理好坏直接关系到种蛋的受精率和孵化率。在种鹅群的饲养过程中,始终应注意种公鹅的日粮营养水平和种公鹅的体重、健康等状况。在鹅群的繁殖期,公鹅由于多次与母鹅交配,排出大量精液,体力消耗很大,体重有时明显下降,从而影响种蛋的受精率和孵化率。为了使种公鹅保持良好的配种体况,除了和母鹅群一起采食,从组群开始后,对种公鹅应补饲配合饲料。配合饲料中应含有动物性蛋白质饲料,以利于提高公鹅的精液品质。补喂的方法一般是在一个固定时间,将母鹅赶到运动场,把公鹅留在舍内,补喂饲料,任其自由采食。这样经过一定时间(2 周左右),公鹅就习惯于自行留在舍内等候补喂饲料。开始补喂饲料时,为便于分辨公母鹅,对公鹅可作标记,以便管理和分群。公鹅的补饲可持续到母鹅配种结束。

种公鹅要多放少关,加强运动,防止过肥,以保持体质强健。公鹅群体不宜过大,以小群饲养为佳,一般每群 15～20 只。如公鹅群体太大,会引起互相爬跨、殴斗,影响公鹅的性欲。

六、提高种鹅繁殖力的综合措施

由于目前种鹅场普遍存在着种鹅繁殖力较低的问题,即单位母鹅提供的仔鹅数量远远低于理论数值,因此,有必要对这一问题进行专门探讨,采取综合措施加以改进和提高。

(一)选择优良种鹅

鹅品种较多,且各品种鹅的繁殖性能差异很大,所以,选择什么样的鹅种是组织鹅场生产较为关键的一步。选择鹅种除了要考虑市场需求,还要考虑繁殖性能和适应性。鹅对自然气候变化反应敏感,常常因为异地饲养其繁殖力大幅下降,如豁眼鹅在安徽、四川等地饲养年产蛋仅有50个左右。所以,在不能完全施以人工环境控制的种鹅场必须考虑品种的适应性。在市场上白羽鹅走俏的地区,可选择豁眼鹅、莱茵鹅、四川白鹅等。

确定品种之后,还要做好鹅群选淘、留种工作,选留体质健康、发育正常、繁殖性状突出、符合本品种特征的个体。对留种的公鹅更要逐个检查,挑选体格健壮、性器官发达、精液品质好的公鹅留种。

(二)后备鹅培育

后备鹅培育是提高种鹅质量的重要环节。后备鹅培育的好坏将关系到以后种鹅的繁殖成绩。后备鹅一般是指70日龄以后至产蛋配种之前准备用的仔鹅,应分2个阶段进行培育。

1.120日龄以前的后备鹅

要给足全价饲料,有放牧条件的在充分放牧之后也要酌情补喂精料,在舍饲条件下要定时定量地饲喂全价饲料,一般每天喂饲3~5次。

2.120日龄至产蛋配种之前的后备鹅

要实行限制饲养,增加粗料给量,酌减精料喂量,尤其要加强放牧、运动,吃饱草后可少补或不补料。这样既可提高其耐粗饲能力,增强体质,又可控制母鹅过早产蛋,以免影响日后的产蛋量和种蛋合格率。将公母鹅分开饲养,防止早熟公鹅过早配种致使公鹅发育不良,日后配种能力降低。在开产配种前15~20天,开始逐步增加精料喂量。

(三)优化鹅群结构

合理的鹅群结构不但是组织生产的需要,也是提高繁殖力的需要。

生产中要及时淘汰过老的公母鹅,补充新的鹅群。母鹅前 3 年的产蛋量最高,以后开始下降。所以,母鹅一般利用年限不超过 3 年,公鹅利用年限也不宜超过 3 年。

(四)掌握繁殖季节规律性

鹅的繁殖有明显的季节性。

(五)合理配种

在自然交配条件下,合理的性比例和繁殖小群能提高鹅的受精率。繁殖配种群不宜过大,一般以 50～150 只为宜。鹅属水禽,喜欢在水中嬉戏配种,有条件的应该每天给予一定的放水时间,以多创造配种机会,提高种蛋受精率。

(六)补充光照

光照制度也是影响产蛋量的重要因素。一般每天光照 12～14 h,光照强度 20 Lux/m^2 就可以满足鹅产蛋、配种的需要。在我国北方地区,早春延长光照至 15～16 h,鹅可提前开产,产蛋率和种蛋受精率均不受影响。提早开产孵化可以提高全年种蛋的利用率。人工补光一般从开产前 1 个月开始加,以当时的自然光照时间为基础,每次加半小时,每周加 1 次,直至加到 15～16 h。

(七)营养需要

种鹅要在产蛋配种前 20 天左右开始喂给产蛋饲料。产蛋期饲料要能满足鹅产蛋的需要。种鹅喂青绿多汁饲料可大大提高产蛋率、种蛋受精率和孵化率。有条件的地方应于繁殖期多喂些青绿饲料。

(八)疫病防治

鹅群的健康是正常生产的前提。患病鹅群正常代谢紊乱,产蛋量、配种能力及种蛋孵化率都会显著降低。有的病鹅虽不表现出明显病症,却大量带菌,经种蛋传染给胚胎,致使孵化后期死亡或雏鹅成活率低。

对本地区经常发生的疾病要进行疫苗或接种预防,尤其要强化日常鹅群的保健工作,如每年春秋两季用碱水等消毒药对繁殖场进行全方位的喷雾消毒,每隔半个月用百毒杀等对畜禽无害的消毒药对鹅舍及运动场进行一次带鹅喷雾消毒,饮饲用具经常进行刷洗消毒。向饲料中定期投放一些广谱抗菌药物。应该特别注意的是,绝不能喂发霉饲料。

(九)种蛋管理

母鹅产蛋以前要做好产蛋窝。蛋窝内垫草要经常更换,保持清洁卫生,种蛋要随下随捡,一定要避免污染种蛋。被污染蛋表面团病菌数量要比正常种蛋高出几十倍,孵化率、雏鹅成活率都非常低。

种蛋保存条件和时间对孵化率有很大影响,较适宜的保存温度为15~18 ℃,相对湿度为65%~70%,保存期一般以7天以内为好,不宜超过12天,超过7天应每天翻蛋1次。

种蛋入孵前要消毒,可用百毒杀、新洁尔灭等稀释液浸洗,或用高锰酸钾、福尔马林熏蒸消毒。

(十)提高种蛋孵化率

良好的种蛋品质最终要靠孵化来表现。在孵化过程中,除了需要给予适宜的温度、湿度等孵化条件,还要着重考虑以下几点。

鹅蛋内脂肪含量高,孵化后期自身代谢散热量大,往往造成胚蛋温度过高,如果孵化器性能不好,调节不及时,易造成烧蛋。一般孵化至17天时开始凉蛋,日凉蛋1次或2次。可采用抽出蛋车自然降温或于机内喷雾加湿的方法进行凉蛋。

鹅胚发育到18~20日龄时,耗氧量急剧增加,所以应该将孵化机的通风孔尽量开大。鹅蛋孵至26天左右,胚胎开始由尿囊呼吸逐渐向肺呼吸转变,这时落盘对于胚胎实现这种转变非常有利,所以一般提倡26天落盘。

在28天以后将孵化机内的湿度提高到75%左右,以利于小鹅啄壳出雏。如果孵化机自身调节能力有限,可采用压力喷雾器,向机内喷雾增湿。

第七章　鹅的人工孵化

第一节　鹅孵化场的建筑要求

孵化场为种鹅场不可缺少的一部分,其设计与建筑应包括以下几部分:种蛋储放室、孵化室、出雏室、雏鹅分级存放室以及其他日常管理上所必需的房室。

一、孵化场选址

孵化场选择在交通便利,离生活区、鹅场相对较远的位置。孵化场与鹅舍至少应相隔 200 m,即使这样的距离,也不能确保不发生偶然来自鹅舍的病原微生物的横向传播。孵化场应为一隔离的单元,有其单独使用的出入口,既要便于种蛋运进入库,又要方便种雏运出,同时要防止鹅场人员和外来人员及车辆造成的交叉感染。

二、孵化场的工艺流程

进行孵化场的建筑设计时,应使入孵种蛋由一端进入,出壳雏鹅从另一端出去。就是说,孵化厂内种蛋和雏鹅的流向,应是按整个孵化过程的需要毗邻排列,不能逆向,以便各室之间能更好地相互隔离,减少人来人往。种蛋进入孵化场后的流程为:熏蒸—分级—码盘—保存—预热—孵化—出雏—装盒—发运。

三、孵化场的建筑

孵化场应科学设计,精心建筑,由专业建筑师绘制图纸,列出技术规格。由于要经常进行清洗和消毒,墙壁表面应覆以光滑、坚硬和不吸水的材料。天花板以防水压制木板或金属板为最佳,以防止因湿度高而腐烂。地面结构必须用混凝土浇成,且表面平滑。因为地面几乎天天要冲洗,因而要求有一定的坡度。洗涤室因为有大量碎蛋壳和从孵化盘中清出的其他废物,故需要设置特别的地面排水沟和阴井。

四、孵化场的设备

孵化场的主要设备是孵化机和出雏机。良好的设备对于充分发挥鹅蛋的孵化潜力、提高孵化场的经济效益具有重要作用。对于孵化机的选择,首先要考虑与整个鹅场的种蛋生产量相匹配的机型。目前孵化机厂家众多,产品质量也良莠不齐,应选择经国家、省、市级鉴定推广的名优产品,切勿选择粗制滥造、存在严重质量问题的产品,否则将会在孵化生产过程中出现许多麻烦。

孵化场还需同时配备以下设备:手提照蛋器或整盘照蛋器、照蛋和落盘工作台、连续注射器、吸尘器、蛋库用空调器、高压冲洗机等。孵化场要有备用发电机组,以备停电后能正常供电。

供暖、通风换气、制冷应根据不同工艺要求设计和安装相应设备。为达到理想的孵化效果,孵化室内的室温一般要求为 20~26 ℃,相对湿度为 50%~60%。孵化器出风口应有专门的排气管道,及时排出孵化机内的二氧化碳,确保胚胎的正常发育。

种蛋的保存必须具备一个空调蛋库。种蛋储存的理想温度为 13~18 ℃。储存时间较长时,储存温度应降低,反之则反。相对湿度应控制在 75%~80%,可防止种蛋在储存过程中因失水过多而影响孵化率。

运输雏禽最好有专用车辆。车内可送热风或安装空调机以及雏盒架。大型专用运雏车车厢是双层结构,底层有漏空板,车厢顶部和两侧安有通风口或通风帽。在没有专用车辆时,可用普通客车或带篷的货车。用货车运输时,要在车厢内垫 10 cm 左右厚的稻草或旧棉被等,以便保温和缓冲震动。鹅场孵化车间如图 7-1 所示。

图 7-1　鹅场孵化车间

第二节　种蛋的管理

提高鹅蛋的孵化率和健雏率,保持种蛋的质量是前提和基础,种蛋的品质好坏直接影响孵化效果和雏鹅质量。因此,必须采取各种技术措施来保持种蛋的质量。

一、种蛋的收集

蛋产出母体后,在自然环境中很容易被细菌、病毒污染。刚产出的种蛋细菌数为 100～300 个,15 min 后为 500～600 个,60 min 后达到 4000～5000 个,而且有些细菌能通过蛋壳上的气孔进入蛋内。每天产出的蛋都应及时收集,不能留在产蛋窝中过夜,否则会降低孵化率。

每天在产蛋窝中收集种蛋不应少于 4 次。在气温过高或过低时则每天集蛋 5～6 次,勤收集种蛋可降低种蛋在产蛋箱中的破损并有助于保持种蛋的质量。收集到的种蛋应及时剔除破损、畸形、脏污蛋等,合格种蛋则立即放入种鹅舍配备的消毒柜中,用福尔马林密闭熏蒸 30 min。

二、种蛋的选择标准

健康、优良的鹅所产的种蛋并非 100％合格,还必须严格选择。选择的原则首先是注重种蛋的来源,其次是对外形进行表观选择。

(一)种蛋来源

种蛋必须来自品种优良、具有较高饲养管理条件的种鹅场。种蛋质量的优劣,不仅与孵化率的高低有关,而且对雏鹅质量和成鹅的生产性能都有很大的影响。因此,收集种蛋的鹅群应健康活泼,无传染病。种蛋质量好,则胚胎的生活力强,并具有供胚胎发育所需的各种营养物质,这样孵化率和健雏率才高。

(二)种蛋的外观选择

1. 蛋形

椭圆形的蛋孵化最好,过长、过瘦的或完全呈圆形的蛋都不能很好孵化。

2. 蛋重

种蛋大小要适中,应符合该品种标准,过大、过小都不好。若种蛋过大,出雏时间推迟,鹅雏较大,孵化率下降;若种蛋过小,往往出雏时间提前,鹅雏小;蛋的大小均匀,孵化出来的鹅雏大小也均匀,出雏时间也比较集中。

3. 清洁度

合格种蛋的蛋壳上不应有粪便或破蛋液等污物。用脏蛋入孵,不仅本身孵化率很低,而且可污染孵化器以及孵化器内的正常胚蛋,增加臭蛋和死胚蛋,导致孵化成绩降低,健雏率下降,并影响雏鹅成活率和生长速度。

4. 蛋壳厚度

蛋壳过厚的钢皮蛋、过薄的砂皮蛋以及薄厚不均的皱纹蛋,都不宜用来孵化。

三、种蛋的消毒

一般来说,种蛋的表皮外壳上都不同程度地带有病菌,如果种蛋不及时送孵化场进行消毒,不但影响孵化效果,而且还会将鹅肝炎病毒、细小病毒、沙门菌、大肠杆菌等病原传染给幼雏。因此,种蛋收集后必须及时送到孵化场进行分类、消毒。

(一)福尔马林消毒法

每立方米空间用 42 mL 福尔马林加 21 g 高锰酸钾密闭熏蒸 20 min,可杀死蛋壳上 95% 以上的病原体。在孵化器中进行消毒时,每立方米用福尔马林 28 mL 加高锰酸钾 14 g,但应避开发育到 24~96 h 的胚龄。目前,大中型孵化场多采用此方法。

(二)过氧乙酸熏蒸消毒法

每立方米用 16%~20% 过氧乙酸 1~3 g 加热熏蒸 20~30 min。

(三)二氯异氰脲酸钠熏蒸消毒法

每立方米用二氯异氰脲酸钠 3~5 g,在纸片上用火柴点燃,密闭门窗熏蒸消毒 12 h 以上。

(四)漂白粉液消毒法

使用专用的洗蛋设备,将种蛋浸入 1.25 g/kg 浓度的氯离子消毒剂水溶液中,在水温 37 ℃ 条件下洗涤 10 min,充分干燥后入库,取出沥干后即可装盘。值得注意的是,此种消毒方法必须在通风处进行,而且因种蛋蛋壳外膜被洗掉,容易被二次污染,所以一定要保持蛋库及后续环节操作卫生和环境卫生。

(五)新洁尔灭消毒法

此药具有较强的除污和消毒作用,可凝固蛋白质和破坏细菌体的代谢过程,从而达到消毒灭菌的目的。种蛋消毒时,可用 5% 新洁尔灭原液,加 50 倍的水配制成 0.1% 浓度的溶液,用喷雾器喷洒种蛋表面即可。

(六)碘液消毒法

将种蛋置于 0.1% 的碘溶液中浸泡 30~60 s,取出后沥干装盘。碘溶液的配制方法是:碘片 10 g 和碘化钾 15 g 同溶于 1000 mL 的水中,然后倒入 9000 mL 的清水中即可。浸泡 1 次后,溶液中的碘浓度降低,如需再用,可将浸泡时间延长至 90 s,或添加部分新配制的碘溶液。

四、种蛋的储存

(一)种蛋储存环境

1.种蛋库要求

种蛋储存室应具备良好的隔热性能,无窗户,能够防止阳光直晒、蚊蝇和老鼠进入,便于清洁卫生,并安装空调设备,以便控制种蛋储存的环境条件。蛋库还应另设隔间,以便于种蛋的接收、清点、分级、装箱等。

2.种蛋储存温度

受精蛋在形成过程中已开始发育,受精蛋产出体外后,胚胎发育暂时停止,而后当环境温度上升到一定时,胚胎又开始发育。研究认为,鹅胚发育的临界温度(即胚胎发育的最低温度)为 21 ℃左右,即当环境温度低于 21 ℃时,胚胎处于静止休眠状态。如果环境温度超过临界温度,但又达不到正常孵化温度时,胚胎发育是不完全、不稳定的,容易造成胚胎期死亡;反之,如果环境温度长时间过低(如 0 ℃),虽然胚胎处于静止休眠状态,但胚胎活力下降。一般地,种蛋储存温度以 13~15 ℃为宜,这样有利于抑制种蛋中各种酶的活动和细菌繁殖。在炎热气候条件下,种蛋储存温度应提高到 18 ℃,这样有利于尽量避免种蛋出库时蛋壳表面结露。注意,不要让制冷器或空调直对着种蛋吹。为保持温度均匀,蛋库内应有空气循环装置。

3.种蛋储存湿度

种蛋储存期间,蛋内水分通过气孔不断向外蒸发,其蒸发速度与蛋库里的相对湿度成反比,湿度大则蛋内水分蒸发小,反之则大。为控制蛋内水分的蒸发,蛋库内必须保持适宜的湿度,一般相对湿度以 75%～80%为宜。在使用空调降温时,蛋库内的相对湿度会降低,应注意增加湿度。

4.种蛋放置与翻蛋

如种蛋在 3 天之内就入孵的话,可以直接大头朝上放置;如超过 3 天则应大头朝下、小头朝上放置。种蛋保存的时间不能过长,保存期超过 1 周应每天翻蛋 1～2 次,使蛋黄位于中心,防止与蛋壳粘连。

(二)种蛋储存时间

种蛋储存的时间愈短,对胚胎活力的影响愈小,孵化率愈高。种蛋最佳储存期是 2～4 天,一般以产后不超过 10 天为宜。储存期尽量避免超过 10 天,超过 10 天的种蛋会影响孵化率和健雏率。超过 2 周的种蛋不宜入孵,否则会严重降低孵化率和健雏率,并会延长孵化时间。

五、种蛋的预热

种蛋从蛋库中取出直接放入孵化器,蛋壳表面会附着一层水珠。在孵化过程中,这些冷凝水珠会携带蛋壳表面的病原体渗入蛋中,使种蛋的孵化率和雏鹅品质降低。

种蛋入孵前在 25 ℃室温下预热 10 h 被认为是预防疾病、提高孵化率的必要措施。将种蛋放在安装有强功率的风扇和加热器的预热箱中预热,可以使蛋内温度在 2.5 h 内达到 25 ℃±0.5 ℃,使孵化均匀,同时还可避免病原体的侵入。与在室温下加热相比,雏鹅健雏率有所提高。

第三节 人工孵化的关键技术

家鹅尤其是小型肉鹅经过长期的驯化和选育,基本上失去了就巢抱窝的本能,无孵化能力,许多大中型鹅种还有就巢性,而自然孵化无法满足规模生产的需要。因此,人工孵化,尤其是机械化、自动化的大型孵化机已普遍应用。熟练掌握人工孵化技术,有利于提高健雏率,降低成本,增加收益。

一、孵化场卫生消毒措施

孵化场卫生消毒管理的好坏直接影响到孵化率、健雏率和雏鹅成活率的高低。严格而科学的卫生消毒措施是提高孵化成绩的重要措施之一，是孵化场能够长期不断稳定发展的前提。

(一)做好环境的卫生消毒

1.孵化场的外部环境

每天搞好孵化场周围的卫生，定期对外围环境消毒，在进大门口设消毒池、消毒间、消毒泵，对进场的车辆、物品及人员进行消毒，防止外来病原及孵化废弃物污染环境。

2.孵化场的内部环境

每道工序工作结束后立即做好卫生并进行场地消毒。孵化场内每周2次彻底做好卫生(包括办公室、餐厅、物品库、浴室、厕所等)并消毒。进入孵化场的空气应该是干净新鲜的，因为它对孵化场内环境卫生的好坏起着重要的作用，所以设计通风系统要科学合理。通风一般采用负压通风，通风压力由大到小的顺序是：种蛋室—码蛋室—孵化室—照蛋室—出雏室—存雏室—洗涤室，最好各室都设有进风口、出风口，特别是出雏室的排风口设计一定要合理，避免出雏室排出的空气进入种蛋室、孵化室。进、出风口最好安装过滤设施并定期清理和消毒，保证进入的空气干净新鲜。

(二)做好种蛋的卫生消毒

首先种蛋要来自健康无病的种鹅，且没有受到任何污染。种蛋从鹅舍收集后进行筛选，剔除粪蛋、脏蛋及不合格蛋后，将种蛋放入干净、消过毒的镂空蛋托或经过消毒后的孵化车上立即消毒，每立方米用 28 mL 福尔马林加 14 g 高锰酸钾熏蒸 20 min，种蛋入库和入孵时也用此方法消毒。注意消毒时的温度、湿度一定要合理，以保证消毒效果。

(三)做好胚蛋的卫生消毒

在孵化过程中，照蛋、落盘前工作人员用消毒液洗手，操作完后胚蛋要立即消毒，方法同上。当出雏 5% 左右时，在出雏器水盘里加一次过氧乙酸进行消毒，或大部分出雏但绒毛未干时每立方米用 14 mg 福尔马林加 7 g 高锰酸钾熏蒸 3 min。注意千万不能超过 3 min，否则对雏鹅有害。

(四)做好孵化设备及用具的卫生消毒

孵化种蛋所有接触的设备、用具都要搞好卫生消毒,蛋托、码蛋盘、出雏筐、存雏筐等用后用高压泵清水冲洗干净再放入 2％的氢氧化钠溶液中浸泡 30 min,然后用清水冲净。种蛋车、操作台及用具用后也要清理消毒,照蛋落盘后对臭蛋桶清理消毒,地面用 2％的氢氧化钠溶液消毒。孵化机及蛋托用后用高压泵清水冲洗干净,用消毒液擦拭,再用清水冲净,最后把干净的码蛋盘、出雏筐放入孵化机内,每立方米用 42 mL 福尔马林加 21 g 高锰酸钾熏蒸 30 min。出雏机及出雏室是雏鹅的产房,需要的卫生消毒特别严格,而此地又是绒毛最难清理的地方,所以一定要严格认真仔细地清理每个角落,不能有死角。雏鹅销售后,存雏室一定要冲洗干净,包括房顶、四壁、窗户、水暖管道等,再把干净卫生的存雏筐放入室内,每立方米用 42 mL 福尔马林加 21 g 高锰酸钾熏蒸 30 min,或用 10％的福尔马林喷雾消毒,避免交叉感染。

(五)做好人员及工作服的卫生消毒

孵化人员进入孵化场时首先淋浴,再穿戴工作服、鞋、帽,脚踏消毒池后进入工作区。工作服要编号,避免各工序混穿,并派专人管理,每天清洗消毒。码蛋、照蛋、落盘、鉴别人员工作前及工作中用消毒液洗手。做好卫生消毒的监测。孵化场的卫生消毒效果要有专人检查,通过肉眼看消毒后是否达标,再通过采样、细菌培养来检测消毒效果。主要对孵化器、出雏器、种蛋在消毒前后进行采样、细菌培养,计算菌落数,对孵化厅各室、蛋库墙面、地面和空气进行采样和细菌培养,每周至少测 1 次。如果不能达标,说明消毒效果不佳,要引起注意,并追查原因,及时解决,以达到卫生消毒标准。

二、孵化技术

(一)鹅胚发育特征

1.孵化期

在适宜条件下,从鹅蛋入孵到雏鹅孵出所需的时间为鹅蛋的孵化期。小蛋和薄壳蛋比大蛋和厚壳蛋孵化期稍短。如种蛋保存时间过长，则孵化期也延长。鹅的孵化期一般是 31 天左右。此外，在孵化过程中，孵化温度偏高时孵化期缩短，温度低时孵化期延长。孵化期缩短与延长均不是正常的生理现象，会使孵化率降低，弱雏和畸形雏数目增加。

2.胚胎发育过程

鹅的胚胎发育都经过两个阶段：蛋形成过程中的胚胎发育和孵化期中的胚胎发育。第一阶段发育不再述及，种蛋产出后，给予适宜的条件，胚胎会从休眠状态中苏醒过来，并继续发育成雏鹅。

(二)孵化条件

种蛋的孵化是鹅生产的一个重要环节，孵化率的高低直接影响肉鹅生产的经济效益。要想获得理想的孵化率和品质优良的雏鹅，除培育健康的种鹅群、提高种蛋的品质和加强种蛋的消毒，给予适宜的孵化条件是一个关键措施。

1.温度

(1)温度的作用。温度是孵化中最重要的条件，对孵化率和健雏率起决定性的作用，因为胚胎发育过程中的各种代谢活动都是在一定的温度条件下进行的。没有适宜的温度，胚胎就不能发育或发育不正常，就得不到好的孵化效果。

(2)温度的要求。孵化初期，胚胎物质代谢处于初级阶段，缺乏体温自我调节能力，故需较高的温度；孵化中期，胚胎物质代谢日益加强，体温调节能力也逐渐加强，此时温度要保持平稳；孵化后期至出壳前，胚胎已具有调节体温的能力，加上本身新陈代谢，产生大量的体热，此时温度还应稍低，以利散热。因此，孵化期应遵循前高、中平、后低的原则。

(3)温度对孵化效果的影响。第一，影响出雏时间和孵化率。孵化温度高则胚胎发育快，雏鹅提前出壳；温度低则胚胎生长发育迟缓，出壳时间推迟。第二，影响雏鹅质量。在孵化过程中，温度过高、过低或时高时低都会使弱雏增加，健雏率降低。如孵化温度高会造成雏鹅个体细小,绒毛太短或成小卷团,眼、喙异常,卵黄囊和肠留在腹腔外不能及时进入体内等;温度过低,雏鹅不活泼,绒毛粗糙、干燥,腹部肿大柔软,脐环闭合不良,跗关节红肿,站立不稳等;温度时高时低也常会出现脐环闭合不良,眼睛闭合,眼部绒毛粘连,脱水,弯趾或八字脚等。

(4)温度的控制。应根据胚胎的需温特点、入孵方式和孵化方法正确供温。根据经验,较为适宜的孵化温度:分批入孵时采用恒温孵化法,孵化机的温度控制为 37.4~37.6 ℃,出雏机的温度为 37.0~37.2 ℃;整批入孵时采用变温孵化法,1~7 天孵化温度为 38 ℃,8~15 天为 37.8 ℃,16~21 天为 37.6 ℃,22~27 天为 37.4~37.5 ℃,28~30 天为 37.0~37.2 ℃,孵化室室温最好控制在 22~26 ℃。在实际工作中,也可根据孵化器的实际使用情况以及不同季节适当调整孵化温度,以达到理想的孵化效果。

2.湿度

(1)湿度的作用。湿度具有导热作用,在孵化初期可使胚胎受热均匀,在孵化后期有利于胚胎生理的散热;湿度不当会影响蛋内的水分蒸发和胚胎的物质代谢;湿度还有利于雏鹅出壳,在足够的湿度和空气中二氧化碳的作用下,使蛋壳的碳酸钙变成碳酸氢钙,蛋壳变脆,便于雏鹅出壳。

(2)湿度的要求。孵化室和出雏室的相对湿度应保持在 60%~65%,孵化机内保持在 50%~60%,出雏机保持在 65%~75%。

(3)湿度对孵化效果的影响。胚胎对湿度的适应范围较广,不如对温度敏感,一般不会造成孵化率大幅下降。但湿度控制不当会影响雏鹅的质量,如湿度过大,会延长出壳时间,雏鹅体软,腹大,绒毛粘连蛋黄液;湿度过小,提前出壳,雏鹅干、瘦小,绒毛干燥,发焦,有时粘壳。现代化的种鹅场一般采用自动喷雾系统的孵化器,可根据湿度情况自行加湿。比较传统的孵化器本身不具备加湿系统,可由生产技术人员根据生产实际情况适当喷水加湿。

(4)湿度的调节。湿度过大,适当减少水盘数量,或加强通风,使水气散发;湿度低,则适当增加水盘数量,冷天加温水,夏天加冷水,也可洒湿地面,增加水分蒸发,以提高室内湿度。

3.通风

(1)通风的目的。供给胚胎生长发育所需的氧气,排出二氧化碳;使孵化器内温度均匀;促进胚胎散热,防止自温超高。

(2)通风的要求。保持新鲜的空气,氧气含量不低于20%,二氧化碳浓度不超过0.5%,但不能因通风而影响温度和湿度。

(3)通风对孵化效果的影响。孵化机内二氧化碳浓度达1%,胚胎发育迟缓,死亡率增加,出现胎位不正和畸形等现象。据介绍,机内二氧化碳含量超过1%,每增加1%,孵化率下降15%,当二氧化碳浓度达到10%,胚胎将全部死亡。通风过度则会影响温度和湿度,雏鹅出现眼睛闭合,眼部绒毛粘连,脱水,粪便呈绿色等。

(4)通风的调节。在实际操作过程中,应根据胚胎在孵化过程中的发育特点进行通风调节。一般在孵化初期通风量可以小些,孵化中后期随着胚胎日龄的增大、代谢加强,通风量逐渐增强,尤其在即将破壳出雏的情况下,更应注意通风,避免孵化后期胚胎闷死在壳内。每个孵化机都应有通风孔,通过开启通风孔来调节通风。

4.翻蛋

(1)翻蛋的目的。避免胚胎与壳膜粘连,使胚胎各部位受热均匀;供应新鲜空气;有助于胚胎运动,保持胎位正常。

(2)翻蛋的要求。每隔1~2 h翻蛋一次,孵化满25天停止翻蛋。

(3)翻蛋对孵化效果的影响。长期不翻蛋或翻蛋不正常,会降低孵化率,胚胎粘在壳膜上,粘着的部分出现畸形,如肢体的缺少或畸形。

(4)翻蛋的方法。翻蛋的角度要有90°,以水平位后仰或左右各45°为宜,并要防止震动。

5.凉蛋和喷水

(1)凉蛋和喷水是调整湿度的有效措施。凉蛋和喷水对孵化率影响很大。在孵化前期,一般不凉蛋,中后期的蛋温常达39 ℃以上,由于蛋壳表面积相对小,气孔小,散热缓慢,若不及时散发过多的生理热,就会影响发育或造成死胎。凉蛋可以加强胚胎的气体交换,排除蛋内的积热。孵化至 17～19 天时,打开箱盖,每天凉蛋 1 次;25 天以后,生理热多,每天凉蛋 3～4 次。凉蛋的时间长短不等,根据实际情况灵活掌握。当蛋温降至 35 ℃时,继续孵化。

(2)喷水是提高鹅蛋孵化率的关键。喷水的功能有三点:一是破坏壳上膜;二是促进蛋壳和壳膜不断收缩和扩张,破坏它们的完整性,加大通透性,加快水分蒸发和蛋的正常失重,使气室容积变大和供氧充足;三是导致蛋壳松脆。鹅蛋的外壳膜厚,蛋壳坚硬。前者影响气体交换和水分蒸发,后者造成啄壳困难。外壳膜的存在对孵化前期是有利的,对后期不利。要除掉它,就要对 19 天以后的胚蛋喷水(提早喷水对尿囊血管的合拢不利)。气温高时喷凉水,气温低时喷 35 ℃的温水。每天喷 1～4 次,酌情掌握。将蛋喷湿,晾干后继续孵化。经过反复喷水,蛋壳中的碳酸钙在水和二氧化碳的作用下变成碳酸氢钙,坚硬的蛋壳变得松软了,雏鹅容易破壳,从而提高了孵化率。

(三)孵化操作技术

1.孵化器的准备

在入孵前对孵化器各机件的性能检修、校正,尽量把隐患消灭在入孵前,以免孵化过程中发生故障。在实际运转前,应将孵化室温度保持在 22～25 ℃。试机运转的步骤:经检查的孵化器未发现异常现象后,即可接通电源,搬动电热开关,供温、供湿、试机运转,进一步观察有无异常;分别接通和断开控温(控湿)报警系统的触点,看是否接触失灵;调节控温(空湿)水银导电表所需温度(湿度),待达到所需温度后看是否自动切断热源;然后开机门降温(湿度),再关门反复测试数次;开启报警铃开关,将控温水银导电表(低温表)调至 36 ℃和 38 ℃,分别观察能否自动报警。上述调节均无异常,消毒后即可正式入孵。

2.种蛋的入孵

将预温后的孵化车推入已调制好的孵化器内,打开孵化器开关,在孵化器温度升至 25 ℃时,用每立方米 28 g 福尔马林和 14 g 高锰酸钾熏蒸 20 min(恒温后 24～96 h 内不能熏蒸),熏蒸后及时排净。孵化器的门上贴好孵化记录表,每小时记录孵化器的温度、湿度、翻蛋等情况,如有异常及时报告技术人员。

3. 照蛋

照蛋的目的是检验胚胎发育是否正常,如发现不正常,可及时调整孵化条件,以便获得良好的孵化效果,同时剔除无精蛋、死精蛋、死胚蛋和破蛋等。种蛋孵化应进行 3 次照蛋,一照是第 7～8 天,二照是第 15～16 天,三照是第 27～28 天。但在实际孵化生产中只进行一照,目的是检查出白血蛋。二照、三照一般进行抽测,二照看蛋小头尿囊是否合拢(封门),三照是看胚胎发育是否有闪毛、影子晃动,以便调整孵化温度、湿度。照蛋要求动作稳、准、快,尽量缩短验蛋时间。孵化人员照蛋放盘时,可根据机内不同的温度区及胚胎发育情况,趁机调整蛋盘,以便使胚胎发育一致,提高孵化率。

4. 凉蛋

夏季外界气温高,一方面凉蛋时间要提前,另一方面应加强每天喷水凉蛋。随着气温的升高,孵化至 5 天就可适当通风凉蛋,在 8～10 天时要每天定时喷水凉蛋 1 次,一般从 13～15 天每天定时喷水凉蛋 2 次。随着胚龄的增加,每天喷水凉蛋的时间要适当增加,每次凉蛋要将蛋温降至 30 ℃左右。

5. 出雏器的准备
出雏器的准备同孵化器。

6. 落盘

一般在胚蛋孵化至 28 天移盘,这样可提高孵化率。移盘要求动作轻、稳、快,尽量缩短移盘时间,减少破蛋。品种或品系多时应做好标记。落盘后孵化器要及时进行清洗消毒。

7. 出雏

一般每隔 4 h 拣雏 1 次,也可在出雏 30％～40％时拣第一次,60％～70％时拣第二次,最后再拣 1 次。拣雏动作要轻、快,尽量避免碰破胚蛋。

在第二次拣雏后,将空蛋壳及时拣出,防止蛋壳套在其他胚蛋上,引起闷死。拣雏时,不要将机门全部打开,以免出雏器里的温度、湿度下降过快,影响出雏。

在出雏后期,可进行助产。雏在壳内无力挣扎时,用手轻轻剥开壳,分开粘连的壳膜,把鹅头轻轻拉出壳外,但不要把整个雏鹅都拉出来。

8.清扫、消毒

全进全出制的出雏器待拣完雏后,应彻底清扫,然后用高压水冲洗,再用福尔马林熏蒸。分批次出雏的孵化器也要清扫、冲洗和消毒,消毒方法可改用新洁尔灭溶液擦拭出雏盘、出雏器等。出雏剩余的蛋壳、死胚、垫料等一次性用品要求放到孵化场的指定地点,由专人进行焚烧或掩埋。

9.停电时的措施

大中型孵化厂都应自备发电机,以便停电时用自备发电机供电。最好备有两部,其中一部备用。小型孵化厂要事先与供电部门联系,提前得知停电时间及停电时间长短,以便采取供温措施,如准备火炉、暖气等。停电时,注意机内各区域温度,必要时进行调盘,或手摇风扇转动,以使温度均匀。5日龄胚蛋停电超过4 h,影响胚蛋发育,应把机门关好,并将室温提高到30~32 ℃,及时检查蛋温。胚龄小的要注意保温,胚龄大的要注意散热。

(四)孵化期间消毒及其效果监测

1.孵化厅各室消毒及其效果监测

保证每天上午、下午用喷雾器对孵化厅各室和蛋库各消毒1次。每周对孵化厅各室和蛋库的地面、墙面、空气采样,进行细菌培养,以便及时发现问题,改进消毒工作。

2.孵化器消毒效果监测

在孵化器和出雏器消毒后,用棉拭子对不同角落采样,进行细菌培养,计算菌落数量,以判断种蛋消毒效果。如果消毒效果良好,即可准备入孵或落盘;如果不符合卫生标准,继续消毒直至符合标准为止。

3.种蛋消毒效果监测

在种蛋消毒后,用棉拭子在种蛋蛋壳表面采样,进行细菌培养,计算菌落数量,以判断种蛋消毒效果。如果消毒效果不好,及时分析,查找原因,对症解决。

三、孵化效果评价

(一)孵化效果评价方法

1.评价指标

根据照蛋记录计算出整台孵化器内种蛋的受精率、死胚率、孵化率、健雏率等。受精率和健雏率越高,批间成绩变动曲线平稳,说明种鹅群健康状态和营养水平良好。在种蛋质量正常的情况下,孵化率偏低可能是由孵化器老化、生产性能差、新工人多、责任心不强、孵化技能掌握不好等方面原因造成的。

2.死胚的观察和剖检

剖解孵化不同阶段检出的死胚,分析死亡原因,以改进孵化管理。首先观察胎位是否正常,各组织器官的出现和发育情况,孵化后期还应观察皮肤、内脏是否充血、出血、水肿等,综合判断死亡的原因,必要时将死胚作微生物检验,检查种蛋品质、是否感染有传染性疾病。

3.出雏的观察与检查

在正常孵化条件下,孵化29天就可见啄壳现象。啄壳后12 h就可见出雏,满30.5天出雏基本出完。如孵化条件不正常,出雏时间提早或推迟,出雏高峰不明显,出雏的时间较长,有的甚至到31天还有多数未能出壳,应立即查明原因,采取有效措施。

4.雏鹅外形进行检查

外形检查可从雏鹅的孵黄吸收、脐部愈合情况、绒毛、神态和体形等方面着手。健雏率高,健雏脐部吸收良好,绒毛清洁而有光泽,腹部绒毛干燥覆盖脐部,体形匀称,强健有力等,说明孵化条件适宜。弱雏多,绒毛污乱,脐部愈合不良,卵黄吸收不良,腹部较大,站立不稳,大小不整齐,表明孵化条件不正常。

(二)影响孵化率的主要因素

1.无精蛋

无精蛋不应超过种蛋总数的5%。随着种蛋受精率的下降,其孵化率的下降速度更快。造成受精率低的主要原因:公鹅过肥、过瘦、掉鞭或有腿脚病,导致无授精能力;种鹅群有病以及治疗用药;公母鹅比例不适当;种鹅营养不良;饲料添加剂使用不当;种鹅群饲养密度过大;无戏水池;光照时间与光照强度不足;温度太高等。

2.胚胎早期死亡

种蛋长途运输震动过大;种蛋消毒(熏蒸、洗蛋、喷洒)不当;种蛋储存温度过高或储存时间过长;地面蛋、发汗蛋等被污染的蛋和裂纹蛋;孵化初期温度控制不当;孵化期翻蛋不当;种蛋收集不及时或储存前就已经发育;蛋壳质量低劣造成过度脱水和污染;种鹅用药或饲料添加剂使用不当;种鹅感染大肠杆菌、沙门菌、巴氏杆菌等疾病;霉毒素中毒等。

3.胚胎中期死亡

胚胎中期死亡率不应超过1%,过高可能由以下原因造成:种鹅营养缺乏;孵化温度不当;孵化换气不良;孵化期翻蛋不当等。

4.胚胎晚期死亡

胚胎晚期死亡不应高于3%,过高可能由下列因素造成:孵化温度和湿度不当;污染(地面蛋、发汗蛋和孵化期内爆裂蛋);孵化器或孵化场的通风换气不良;孵化搬运过程中造成的裂纹蛋;种蛋小头朝上放置;翻蛋不当;种鹅营养缺乏等。

5.打壳后死亡

打壳后死亡的主要原因:孵化温度过低;孵化短时间高温;换气不足等。

(三)种蛋质量与孵化效果

在种蛋孵化中,虽然孵化条件、设备及孵化技术等因素对孵化效果有很大影响,但最主要影响因素是种蛋质量。只有高质量的种蛋才可能有理想的孵化效果。

1.产蛋阶段与季节

当种鹅健康状况良好,同时正处于开产高峰期,即开产后27～40周龄所集种蛋,质量最好,孵化率最高。

2.种鹅饲料营养

在种鹅产蛋阶段,饲料蛋白含量降到正常值以下时,种鹅产蛋率明显下降,孵化率相应下降,表现为第2次照蛋死胚增多,死胚腿短而弯曲,"鹦鹉嘴",弱雏多,常见颈腿麻痹;维生素A缺乏,表现为蛋黄颜色浅,第1次照蛋受精率不高,死胚较多,发育迟缓,后期无力破壳;维生素B缺乏,表现为蛋白稀薄,第2次照蛋死胚增加,死胚脑膜浮肿,鹅雏软,颈脚麻痹;维生素D缺乏,表现为蛋壳薄脆,蛋白稀薄,第1次照蛋破蛋多,死胚也增多,出雏不齐;当饲料中食盐量超过正常值时,种鹅产蛋率虽下降不多,但孵化率却明显下降,雏鹅残次率明显增加。

3.种鹅健康状况

当种鹅发生疾病时,产蛋率与孵化率同时下降,其下降幅度与疾病发生率及严重程度成正比,雏鹅残次率明显增加。要取得高质量的种蛋,应做好以下几方面的工作:首先在培育新种鹅时,不同品种、不同生长阶段的后备种鹅应按相应的饲养标准合理饲养,为种鹅的高产、稳产打下基础,在产蛋阶段除努力创造良好的环境,饲料配合要满足种鹅的各种营养需要,同时适当增加多种维生素与微量元素含量。其次要严格按照鹅的免疫程序,积极做好种鹅的疫病防治工作,保证种鹅群的健康。最后应考虑种鹅的产蛋高峰期与孵化旺季相一致,即新种鹅以在孵化旺季来临前2个月左右开始产蛋为好,这样才能取得数量多而质量好的种蛋。

第八章　鹅生产中的疾病控制

第一节　生物安全体系的建立

建立生物安全体系,落实生物安全措施是鹅病防制的前提,也是最便宜、最有效的鹅病防制措施。

一、制定切实可行的防疫制度

(一)鹅场规划控制

远离传染源,防止传染源通过各种途径污染环境,感染鹅群。场内的场地、建筑和设备便于清扫、清洗和消毒,保持良好的卫生环境。防止外面的禽类、鸟类、鼠和其他动物进入鹅场。

(二)人员控制

鹅场设置供工作人员出入的通道,并配置专用清洗和消毒设施,控制人员流动,尽可能减少不同功能区工作人员交叉现象的发生。杜绝一切外来人员的进入,尽可能谢绝参观访问。直接接触生产鹅群的工作人员应避免频繁进出鹅场,尽可能远离外界禽类,严禁带入禽肉及其他禽产品。对所有人员进行经常性的生物安全培训。

(三)鹅群控制

引进病原控制清楚的鹅群,重点检测垂直传播的病原,甚至蛋壳传播的病原,尽可能减少鹅群进入鹅舍前的病原携带,通过日常的饲养管理减少病原侵袭和增强鹅群抵抗力。贯彻"全进全出"的饲养方式,避免不同品种、不同日龄、不同来源的鹅群混养于一个鹅舍。做好运输和转群过程中的隔离,防止操作中的污染和感染。

(四)饲料、饮水控制

提供来源安全的充足全价营养饲料和合格的饮水,加强饲料和饮水的检测,防止饲料营养和饮水的缺乏等原因引发疾病,防止病原通过饲料和饮水进入鹅舍,污染环境,感染鹅群。

(五)其他控制

引进注明 SPF 和质量好的疫苗及其他生物制品,杜绝病原体污染疫苗感染鹅群。加强种蛋控制,勤集蛋,做好蛋箱、蛋托和蛋库的消毒,避免病原体污染鹅蛋。

二、建立日常消毒程序

消毒是指清除或杀灭环境中的病原微生物及其他有害病原体(如球虫、虫卵等),为鹅群提供一个良好的卫生环境,是切断疫病传播途径的重要环节。

(一)消毒措施

养鹅场大门口要设置消毒池(池宽同大门、长为机动车车轮一周半以上),内放适宜的消毒液,1～3 天更换一次,一切车辆须经消毒池后方可进入鹅场。进场前一切人员皆要在侧门消毒室更衣、换鞋,并经喷雾消毒。鹅舍门口设消毒池,工作人员必须通过消毒池进入鹅舍或工作间,严禁相互串栋。每天打扫鹅舍,保持饲槽、饮水器和水箱的清洁卫生。

(二)鹅舍的清洗和消毒

"全进全出"生产方式的鹅场,在鹅舍排空时期和日常饲养管理过程中,要保持环境卫生,包括选用广谱消毒剂或根据特定的病原体选用对其作用最强的消毒剂,对鹅舍或鹅群进行消毒。

1.清舍和清洗

当一批鹅转出鹅舍后,应及时进行清舍。首先需要清除鹅粪,再清扫屋顶、墙壁、棚架、垫网、饲槽、饮水设备、抽风设备及地面等,粪便及羽毛一定要彻底清扫干净,然后用高压水枪将鹅舍冲洗干净。

2.消毒

鹅舍和周围环境用不同消毒剂交叉消毒2～3次,再用清水冲洗鹅舍和设备。

3.器具消毒

与鹅群接触及饲养员所用的各种器具(如蛋箱、蛋盘、出雏盘、孵化器械、饲槽、饮水器、内部运输工具等)可用清水冲洗后,再用消毒药浸泡、喷洒、冲洗,然后用清水冲洗。

4.熏蒸消毒

检查和维修鹅舍内所有设备可正常运转后,将鹅舍门窗封闭,用高锰酸钾、福尔马林熏蒸 12 h 以上,再打开门窗通风,并清理熏蒸物。

5.饮水消毒和带鹅消毒

用适宜的消毒剂、适当浓度做饮水消毒和带鹅消毒,前者每周 1～2次,后者每天 1 次,且喷出的雾滴很细,使饮水、鹅舍、饲养场地、周围环境和工具的病原体含量降低,可有效减少鹅群感染的机会。但饮水消毒和带鹅消毒要避开疫苗免疫接种。

(三)其他清洗和消毒

承运苗鹅、种蛋的工具,销售鹅、蛋及其他禽产品的车辆和工具必须进行清洗和消毒。孵化厅、种蛋必须进行清扫、清洗和消毒,防止鹅群早期感染。鹅场内非生产场所及环境也应进行适当消毒,防止病原体污染鹅场。

三、做好鹅场的环境保护

养鹅场应从实际出发,结合环境保护,制定并采取切实可行的综合防疫措施,给人们的生活、养鹅生产创造良好的环境,为养鹅业的可持续发展创造条件。

(一)建立绿色屏障

在养鹅场周围种植防护林,在各区间种植隔离林,在鹅舍周围和道路两旁进行遮阴绿化,在空地、沙地植草覆盖。这些绿化措施不仅可以优化养鹅场本身的生态条件,减少污染,而且有利于防疫,原因就在于它能调节场区的小气候状况。规模化养鹅场通过绿化能明显地改善场区的温度、湿度、气流等状况。尤其在鹅舍周围 $2\sim3$ m 处,种植快速生长林木,生长过程中经常修剪,让树冠高出房檐,遮阴降温,减少阳光对屋顶的直射,从而降低高温对鹅群的应激危害。而养鹅场采取绿化植树种草,通过绿色植物的光合作用,吸收大量的二氧化碳,同时放出氧气,大大降低空气中二氧化碳的含量。

(二)鹅场废弃物的无公害处理

1. 生产垃圾的处理

生产垃圾主要包括养鹅场的鹅粪和污水。养鹅场在为市场提供鹅产品的同时,大量的粪便和污水也在不断地产生。污物大多为含氯、磷物质,未经处理的粪水将增加大气中氮的含量,渗入地下或排入河流造成环境污染。磷排入江河,会严重污染水质,造成藻类和浮游生物的大量繁殖。另外,粪污通常带有致病微生物,容易造成土壤、水、空气污染,从而导致禽传染病、寄生虫病的传播。因此,无论从防疫还是环保角度看,都有必要对粪污进行彻底的无公害处理。

鹅粪可采取以下几种方式处理:第一,用作农家肥。利用土壤的容纳能力,将其直接施于农田,既给土壤提供了丰富的有机质,又通过土壤中微生物的发酵,改良了土壤结构,从而提高了农作物的产量,但在使用前,应对鹅粪进行处理。有效的方法是采用腐熟堆肥法,有利于杀灭鹅粪中的细菌和寄生虫卵。第二,用作生产沼气。利用鹅粪在沼气池和罐内产生再生能源——沼气,既净化了场区环境,又有效防止了鹅粪对人和鹅的健康危害。沼气作为能源,节约了煤、电用量。发酵后的残留物无毒无味,不招蚊蝇,是很好的农作物肥料。

鹅场的污水经过机械分离、生物过滤、氧化分解、滤水沉淀等环节处理后，可循环使用，既减少了对环境的污染，节约了开支，又有利于疫病的防治。

2.病死鹅的处理

鹅场内的病死鹅是细菌、病毒的主要传染源，处理不当容易造成疫病传播和环境污染。目前主要有以下几种处理形式：

(1)深埋。一般挖 3～4 m 深的坑将病死鹅掩埋。这种方法简便、易行，但容易造成地下水源的污染。

(2)焚烧。简单焚烧由于焚烧不彻底，仍可造成疫病传播和环境污染，应采用专用焚尸炉。由于高温焚烧彻底，细菌、病毒被杀死，传染源被消灭。同时经过焚尸炉的水循环过滤系统，避免了焚烧过程中的黑烟对环境的污染，是较为理想的焚尸措施。

(三)孵化场废弃物的无害化处理

孵化出雏后的废弃物，如死胎蛋、残死雏、蛋壳、雏鹅绒毛等，可装入塑料袋内，集中用车送至远离孵化场的垃圾场。如有条件可进行焚烧处理，也可经过加工后作为饲料利用，但必须经过彻底消毒，否则易导致疾病传播。

(四)虫鼠害的防治

养鹅场的防虫工作主要是做好蚊蝇的预防和扑杀工作。据报道，苍蝇可传播 16 种病原体，危害人体及鹅群健康。消灭苍蝇，首先必须彻底堵住滋生蚊蝇的源头——鹅粪、垃圾、污水，将其及时做无害化处理，其次做好生活区人员污物的卫生处理，再次要喷洒药物。

老鼠繁殖快，分布广，能携带多种病原体，是疫病的主要宿主和传播者，如鼠疫杆菌、沙门菌、旋毛虫等，通过其大范围的活动，机械地或生物性地传播多种疾病。1 只老鼠每年偷吃饲料多达 2 kg，污染的饲料更多，严重危害养殖场的生产环境。因此，要制定切实有效的防鼠措施。首先，要保证鹅舍地面及墙角用水泥抹平，杜绝鼠洞，房顶采用水泥材料，饲料库采用铁门，窗户设有铁网，破坏老鼠做窝的条件。一旦发现鼠洞,可先投入适量的甲醛溶液,然后用水泥封口。另外,要治理环境,清除杂物,水源周围用水泥抹平以不存积水,下水道设有铁网,使老鼠很难获得饮水,还可采取药物灭鼠和电子捕鼠器灭鼠相结合的办法消灭鼠害。

第二节　合理免疫

鹅群免疫技术是养鹅场采取的主动措施,目的在于在鹅体内建立坚强的抵抗力,防止疾病发生和流行。免疫接种是鹅的传染性疾病重要的防制措施,在控制多数传染性疾病,尤其是病毒性传染病的发生和流行过程中起关键性作用,但是免疫只能控制疫病的发生和流行,不能消灭疫病以及病原。

鹅的免疫接种分为两种:一种是在经常发生某些传染病的地区,或某些传染病潜在的地区,或经常受到邻近地区某些传染病威胁的地区,平时有计划地给健康鹅群进行的预防性免疫接种(即预防接种);另一种是在某种传染病发生时,为了控制和扑灭疫病的流行,而对疫区和受威胁区尚未发病的鹅群进行的应急性免疫接种(即紧急接种)。紧急接种如果是在疫病的潜伏期内进行,有时可能产生严重的后果。

一、疫苗接种方法

疫苗接种方法可分群体接种法和个体接种法,前者包括饮水法、拌料法和气雾法,后者包括注射、刺种、点眼、滴鼻和滴口等。不同的疫苗、菌苗或虫苗,对接种方法有不同的要求。对于灭活苗一般只能使用注射法,而活疫苗可采用多种方法。

(一)注射法

注射法主要是肌内注射和皮下注射,适用于弱毒疫苗、灭活苗和类毒素,是最常用的接种方法。肌内注射法的部位在胸肌和大腿肌,皮下注射法的部位在颈背部。雏鹅多采用皮下注射,成年鹅多采用肌内注射。采用连续注射器注射时要摇动疫苗瓶,使其均匀。注射器具要预先消毒,尤其是针头要消毒并准备充足。注射时要适当更换针头,至少每100只鹅要更换一根针头,缩小因针头污染而传播疫病的范围,弱鹅和病鹅最后注射。注射法产生作用快,效果确实,但劳动量大,对鹅群造成的应激大。

(二)饮水法

饮水本法为弱毒疫苗最常使用的方法之一,适用于大型集约化鹅场。此法应激小,安全性好,方法简单,节省人力。使用此法应注意:

(1)此方法可能造成疫苗损失大,饮水不均可使免疫程度不齐,为确保每只鹅都能获得安全的剂量,疫苗剂量要适当放大 2~3 倍。

(2)饮水免疫的设施要清洁、充足、分布合理,使每只鹅都能充分饮水,不能使用金属容器。

(3)疫苗使用之前鹅群要适当断水 3~6 h(具体时间要根据鹅群状态和舍温而定),疫苗稀释用水量要使鹅群 1 h 内饮完,确保鹅群每只鹅都能饮入足够的疫苗剂量。

(4)稀释疫苗用水要清洁、无污染,不含任何消毒剂,重金属不超标,禁用金属容器。最好是凉开水,也可使用井水,最好在水中加入脱脂奶粉(2~2.5 g/L)。

(5)在饲料和饮水中加入多维片,预防免疫应激。

(6)疫苗空瓶、稀释容器、饮水器等用具在免疫后要清洗消毒,残留液要作适当处理,避免疫苗毒株污染环境。

(三)点眼、滴鼻

点眼、滴鼻适用于弱毒疫苗,比饮水法准确可靠,是早期免疫的主要方法。根据免疫剂量计算疫苗稀释液用量(普通滴管每毫升约 20 滴,滴瓶每毫升 30~35 滴),如无专用稀释液,可用生理盐水或纯净水代替。向鹅眼内或鼻孔滴入 1 滴或 2 滴(每只鹅要相同),待鹅将疫苗吸入后再放鹅,否则疫苗会被鹅甩头时甩出来,吸收较少,影响免疫效果。这种通过呼吸道黏膜或眼结膜的免疫方法,有利于机体产生局部免疫。

（四）气雾法

气雾法适用于弱毒疫苗，简便、快速，比饮水免疫效果好。它不仅可以产生较好的循环抗体，而且可以产生局部免疫，有利于抵抗自然感染。将弱毒苗稀释后用适当粒度的气雾枪或喷雾器喷雾，喷洒距离为 30～40 cm，鹅舍密闭 20～30 min，可使大群鹅只吸入疫苗，获得免疫。气雾免疫易激发呼吸道感染，尤其是呼吸道支原体感染，因此有支原体感染的鹅群禁用喷雾免疫。

二、免疫程序

科学合理的免疫程序应该根据本鹅场的具体情况来拟订。其主要依据有：①对免疫前的鹅只进行抗体监测，尤其是对雏鹅的母源抗体水平的测定，充分了解鹅群的真实免疫状态。②鹅群的健康状况。③养鹅场的规模、饲养方式、生产特点、综合防制水平。④鹅的日龄和个体大小，疫苗的品种、类型和接种方法。⑤饲养管理和天气情况，避开转群、断喙、天气炎热等应激因素。⑥本地和周围环境及疫病流行情况。⑦免疫监测。在免疫接种疫苗后，还应进行免疫监测，以确定免疫效果，检验免疫程序是否科学合理，尤其是大型集约化养鹅场，必须进行定期的免疫监测，不仅可以检测免疫效果，而且为是否需要再次进行全群免疫接种提供依据，确保生产安全。

在制订免疫程序时，还应该考虑鹅的 3 个年龄阶段。①育雏期。受高水平母源抗体的保护，谨慎选择首免日龄。②育成期。受主动获得性免疫力的保护，其抗体水平的消长与很多因素有关。③产蛋期。为了避免产蛋高峰期免疫给产蛋造成影响，产蛋之前的免疫不仅要确保整个产蛋周期鹅群受到免疫保护，而且确保种母鹅通过种蛋传递母源抗体给后代，使之抵抗病原体的早期感染。

不同地区、不同鹅场、不同鹅群、不同品种等，其免疫程序是不同的。因此，要制订出一个完整的所有情况都适用的免疫程序是困难的。但必须遵循下列一般原则：①以达到免疫效果为目的选择疫苗品种和类型。②根据免疫状态增减免疫次数。③免疫方法要做到节省人力，并减轻鹅的应激反应。④疫苗的使用要精确、节约。

鹅常用免疫程序如表8-1和表8-2所示。

表8-1 种鹅免疫程序

日龄	疫苗名称	剂量	使用方法	备注
1	小鹅瘟血清或卵黄抗体	1 mL	颈部皮下注射	
7	新城疫弱毒疫苗	3头份	点眼、滴鼻	可用新城疫灭活疫苗替代
	鹅副黏病毒灭活疫苗	0.8 mL	肌注	
10	小鹅瘟血清或卵黄抗体	1 mL	颈部皮下注射	
14	禽流感灭活疫苗	1 mL	肌注	最新水禽专用株
30	大肠和霍乱二联油苗	1.0 mL	肌注	
35	鹅副黏病毒灭活疫苗	1.5 mL	肌注	
91	鹅副黏病毒灭活疫苗	1.5 mL	肌注	
	禽流感灭活疫苗	1.5 mL	肌注	
170	大肠和霍乱二联油苗	1.5 ml	肌注	
175	鹅副黏病毒灭活疫苗	1.5 mL	肌注	
	禽流感灭活疫苗	1.5 mL	肌注	
180	小鹅瘟活疫苗	1头份	肌注	种鹅用疫苗

注：鸭瘟疫苗视当地流行情况决定是否使用。

表8-2 肉鹅免疫程序

日龄	疫苗	剂量	使用方法
1	小鹅瘟血清或卵黄抗体	1 mL	颈部皮下注射
7	新城疫弱毒疫苗	3头份	点眼、滴鼻
10	小鹅瘟血清或卵黄抗体	1 mL	颈部皮下注射
16	禽流感灭活疫苗	1 mL	肌注
25	新城疫弱毒疫苗	5头份	饮水
50	新城疫弱毒疫苗	5头份	饮水

三、影响免疫效果的因素

(一)鹅群健康状态

当鹅群受到免疫抑制性的致病因子侵袭时,鹅的体液免疫或细胞免疫器官受到损害,导致免疫机能障碍,对疫苗接种的应答反应性降低,出现免疫抑制现象,造成鹅群对多种疾病的易感性增高。越是早期感染,这一表现越明显。鹅群营养水平不全面,某种营养物质(如蛋白质、维生素等)缺乏、中毒(如曲霉菌毒素等)、氨浓度高和疾病等都会影响鹅体各种激素的浓度和抗体的生成,从而导致机体免疫系统机能下降。

(二)环境因素

当鹅群所处的环境不良和受到经常性的应激(如转群、天气等)时,可能干扰机体的免疫器官对接种疫苗的免疫应答反应,影响免疫效果。饲养环境被强毒株或变异株污染,致病性微生物大量存在,尤其是早期的环境污染而使鹅群感染,即使接种疫苗,也会在抗体产生之前中和免疫抗体,或使交叉保护能力降低,引起疫病发生和流行。

(三)病原体

由于生物安全体系不完善,鹅群早期感染,或环境中存在强毒,或病原体的变异,导致疫病的发生或免疫效果差。

(四)疫苗因素

疫苗的生产、储存和运输存在漏洞引起疫苗质量低劣,没有根据当地疫病流行情况对症选用疫苗毒株类型,没有根据鹅群的日龄选用适宜的疫苗,疫苗使用不当(如接种方法、稀释液及浓度、饮水免疫的水质等),易造成疫苗免疫实际效果差或免疫失败。

(五)免疫程序不当

没有根据鹅群抗体消长规律、监测结果或流行病学情况适时接种疫苗,可能因母源抗体水平高而干扰疫苗免疫,无法产生提供保护的免疫力;同时接种多种疫苗产生干扰,影响免疫应答;抗体水平低、疫苗接种迟,导致在疫苗接种产生提供保护的免疫力之前就已经被病原体侵袭,造成疫病流行。

其他因素,如饲养管理不善、消毒剂使用不规范、药物的使用等多种因素都可能影响疫苗免疫效果。在饲养管理和疾病防制过程中要加以注意,避免上述因素的存在,确保免疫效果。

第三节　合理用药

一、药物基础知识

兽药是指用于预防、治疗家禽疾病,或促进生长和提高产蛋率的化学物质。

(一)禽用药物的分类

禽病防治中应用的药物种类繁多,根据其来源可分天然药物(植物药和矿物药等)和合成药物(包括化学合成药和生物合成药)两大类。而根据药物的作用性质、应用范围,家禽常用药可分3类。

1.抗微生物药

抗微生物药包括抗菌药物和抗病毒药物。

(1)抗菌药物。抗菌药物是具有杀菌或抑菌作用,供全身或局部应用的各种抗生素及其他化学药品的统称。抗菌药种类繁多,其分类方法也较多,一般按抗菌谱分类可分为:

①抗革兰染色阳性菌的药物:青霉素类、第一代头孢菌素类、大环内酯类、糖肽类、噁唑酮类。

②抗革兰染色阴性菌的药物:第三代头孢菌素类、氨基糖苷类及多

肽类。

③广谱抗菌药:第二代和第四代头孢菌素类、广谱青霉素类、碳青霉烯类、氟喹诺酮类、四环素类、磺胺类、利福平。

④抗厌氧菌药:甲硝唑、替硝唑、奥硝唑、塞克硝唑。

⑤抗支原体或衣原体药:四环素类、大环内酯类。

⑥抗真菌药:常用抗真菌药主要有制霉菌素、两性霉素 B、灰黄霉素、克霉唑、酮康唑、咪康唑、氟康唑、伊曲康唑等。

(2)抗病毒药物。病毒是目前病原微生物中最小的一种。大多数病毒缺乏酶系统,不能单独进行新陈代谢,必须依赖宿主的酶系统才能生存繁殖。抗病毒药物必须具有高度选择性地作用于细胞内病毒的代谢过程,并对宿主细胞无明显损害。穿心莲、板蓝根、大青叶、金银花、黄连等中草药组成的复方制剂或提取物也具有某种抗病毒作用,如双黄连、五味消毒饮、黄芪多糖、金丝桃素等。

2.抗寄生虫药

抗寄生虫药包括抗原虫药、驱虫药和杀虫药。

(1)抗原虫药。球虫病是一种常见的原虫病。用于防治球虫病的药物有硝苯酰胺(球痢灵)、氨丙啉、氯苯胍、氯羟吡啶(克球粉)、尼卡巴嗪、磺胺喹恶啉、磺胺氯吡嗪、常山酮、甲基三嗪酮(百球清)、地克珠利、乙氧酰胺苯甲脂、癸氧喹啉、海南霉素、莫能菌素、马杜霉素、盐霉素(优素精)、拉沙洛菌素,以及加了磺胺增效剂的复方抗球虫药。

抗滴虫药和抗住白细胞原虫药有二甲硝咪唑、洛硝哒唑、乙胺嘧啶。

(2)驱虫药。驱虫药有左旋咪唑、丙硫苯咪唑、氯硝柳胺、吡喹酮、硫双二氯酚(别丁)、槟榔等。

(3)杀虫药。螨、蜱、虱、蚤、蚊、蝇、蚋、蠓等寄生于家禽的皮肤和羽毛,夺取营养,影响生产性能,传播疾病,对家禽业危害较大。凡能杀灭上述外寄生虫的药物都称为"杀虫药"。常用杀虫药有氯菊酯、氯氰菊酯、溴氰菊酯、氰戊菊酯、倍硫磷、皮蝇磷、氧硫磷、二嗪农(螨净)、甲基吡啶磷等。内服的杀虫药有阿维菌素和伊维菌素。

3.消毒药

消毒药是指能迅速杀灭病原微生物的化学药物,其作用机理是使蛋白质凝固或变性、干扰微生物重要酶系统或改变细胞膜通透性。兽用消毒药的种类很多,它们的作用和临床上的应用也各不相同,根据化学分类,常用的有以下几类:

(1)酚类:苯酚(石炭酸)、煤酚(甲酚)、复合酚(菌毒净、菌毒敌)。

(2)醇类:乙醇(酒精)。

(3)醛类:甲醛(福尔马林)、多聚甲醛、戊二醛等。

(4)酸、碱类:硼酸、乳酸、醋酸(乙酸)、氢氧化钠(烧碱)、石灰(生石灰)。

(5)氧化剂:过氧化氢、高锰酸钾、过氧乙酸。

(6)卤素类:二氧化氯、漂白粉、次氯酸钠、氯胺-T(氯亚明)、二氯异氰尿酸钠(优氯净)、三氯异氰尿酸、碘、聚乙烯吡咯烷酮。

(7)表面活性剂:新洁尔灭(苯扎溴铵)、度米芬(消毒宁)、洗必泰(氯苯胍亭)、癸甲溴氨(百毒杀)

(二)给药方法

不同的给药途径可以影响药物的吸收速度、药效出现时间及维持时间,甚至还可以引起药物作用性质的改变。因此,应根据药物的特性和鹅的生理、病理状况选择不同的给药途径。给药方法有以下几种:

1.群体给药法

(1)饮水给药。凡水溶性药物均可通过饮水给药,比较方便,特别适用于鹅群食欲明显降低而仍能饮水时,一般分为以下两种。

①自由饮水法:将药物按一定浓度加入饮水中混匀,供自由饮水,适用于在水中较稳定的药物,但摄入药量受气候、饮水习惯的影响较大。

②口渴饮水法：用药前让鹅群禁水一定时间（冬季 3～4 h，春秋季 2～3 h，夏季 1～2 h），使鹅处于口渴状态，再喂以加有药物的饮水，药量以 1～2 h 内饮完为宜，饮完药液后换清水。该法可减少一些在水中容易破坏或失效药物的损失，保证药物效能；可取得高于自由饮水的血药浓度和组织药物浓度，较适用于严重的细菌病或霉形体病的治疗。

（2）混饲给药。将药物与饲料拌匀后喂养，适用于尚有食欲的鹅群。一般采取逐级混合法，即把全部药物加入少量饲料中揉匀，然后再和所需全部饲料混匀。

（3）气雾给药。气雾给药是使用相应的器械，使药物雾化，分散形成一定直径的微粒，弥散到空间中，通过呼吸道吸入体内的一种给药方法。本法特别适合于治疗呼吸道病，也适用于细菌病，使用时要注意以下几点：

①选择适宜的药物：应选择对呼吸道无刺激性，且能溶解于呼吸道分泌物中的药物，否则不宜使用。

②掌握气雾用药的剂量：一般以每立方米空间多少克或毫克药物来表示。为准确计算药量，应先计算鹅舍的体积，再计算出总的用药量。

③严格控制雾粒大小：微粒愈细，越易吸入呼吸道深部，但又易被呼气气流排出；微粒较大则不易到达肺部。雾粒宜控制在 40 μm 以下。如用于治疗深部呼吸道或全身性感染，雾粒宜控制在 10 μm 以内。

（4）带鹅消毒。为控制传染病的流行，集约化鹅场应定期进行带鹅消毒。带鹅消毒应选择毒性低、刺激小、无腐蚀性的消毒剂，并使用专用的喷雾器，在禽舍消毒的同时，还将药液喷洒到鹅体上，进行鹅体消毒。这样既可杀灭病原体，还能减少尘埃、吸附氨气、防暑降温和预防呼吸道病。带鹅消毒次数因气温而定，高温时可每日 1 次，冬季也不少于每周1 次。喷洒量以每立方米 15～20 mL 为宜。雾粒不能太小，应控制在 50 μm 以上，以 80～120 μm 为宜。

2. 个体给药法

(1)内服给药。内服给药是将药物直接放(滴)入口腔吞咽的给药方法,亦可将连接注射器的胶管插入食道后注入药液。嗉囊注入药液属广义的内服给药。

(2)注射给药。注射用具必须经煮沸或高压灭菌消毒,或用一次性注射器。

①皮下注射:将药液注入颈部、腿部、胸部等皮下,适用于刺激性较小的药物。

②肌内注射:将药液注入肌肉(胸肌、大腿外侧等),多选择肌肉丰满的部位,适于药量少、无刺激性或刺激性较小的药物。

③静脉注射:通常鹅的静脉注射选择翅下静脉,适用于药量大、刺激性强的药物,多用于急性严重病例的急救。注射前将注射器内的空气排净,以防猝死。

④腹腔注射:注射部位在腹部,适用于剂量较大和不易做静脉注射的药物。

(三)抗菌药的配伍

为了获得更好的治疗效果或减轻药物的毒副作用,常常几种药物并用。有些药物配在一起时疗效增强,但是有些药物配在一起时可能产生沉淀、结块、变色,甚至失效或产生毒性等后果,因而不宜配合应用。凡不宜配合应用的情况属配伍禁忌。常用药物的配伍结果如表8-3所示。

表 8-3   药物配伍结果

类别	常用药物	配伍药物	结果	备注
青霉素类	青霉素钠（钾） 氨苄西林 阿莫西林 海他西林	氨基糖苷类、多黏菌素类、喹诺酮类	协同	与氨基糖苷类（除链霉素外）联用均应分开给药
		四环素类、氯霉素类、大环内酯类、磺胺类	无关或拮抗	
		茶碱类、维生素C、多聚磷酸酯	沉淀或失效	
头孢菌素类	头孢噻吩钠 头孢氨苄 头孢羟氨苄 头孢拉定 头孢噻呋	氨基糖苷类、多黏菌素类、喹诺酮类、林可霉素类	协同	与氨基糖苷类（除链霉素外）、多粘菌素类联用应分开给药并控制用量
		四环素类、氯霉素类大环内酯类、磺胺类	无关或拮抗	
		茶碱类、维生素C、多聚磷酸酯	沉淀或失效	
氨基糖苷类	新霉素 庆大霉素 卡那霉素 阿米卡星 链霉素 安普霉素 壮观霉素	青霉素类、头孢菌素类、四环素类、氯霉素类、大环内酯类、喹诺酮类、磺胺类、林可霉素类、甲氧苄胺	协同或相加	与头孢菌素类、四环素类、磺胺类、林可霉素类联用应适当减少用量
		同类药物	毒性增强	联用应适当减少用量
		维生素C	失效	
多黏菌素类	硫酸黏杆菌素	青霉素类、头孢菌素类、四环素类、氯霉素类、大环内酯类、磺胺类、喹诺酮类、利福平、甲氧苄胺	协同或相加	与头孢菌素类、四环素类、磺胺类联用应适当减少用量
		硫酸阿托品	毒性增强	

类别	常用药物	配伍药物	结果	备注
四环素类	土霉素 盐酸多西环素（强力霉素） 金霉素	同类药物、氨基糖苷类、多黏菌素类、氯霉素类、大环内酯类、磺胺类、甲氧苄胺、泰妙菌素	协同或相加	与氨基糖苷类、多黏菌素类、同类药物、大环内酯类联用应适减少用量当
		青霉素类、头孢菌素类、喹诺酮类	拮抗	
		茶碱类	沉淀或失效	
		含钙、镁等金属离子的药物	形成不溶性络合物	
氯霉素类	甲砜霉素 氟苯尼考	氨基糖苷类、多黏菌素类、四环素类、大环内酯类、磺胺类	协同或相加	与四环素类、大环内酯类、磺胺类联用应适当减少用量
		青霉素类、头孢菌素类、喹诺酮类、林可霉素类、呋喃类	无关或拮抗	
		叶酸、维生素 B_{12}	抑制红细胞生成	
大环内酯类	罗红霉素 硫氰酸红霉素 泰乐菌素 替米考星 阿奇霉素	氨基糖苷类、多黏菌素类、四环素类、氯霉素类	协同或相加	与四环素类、氯霉素类联用应适当减少用量
		青霉素类、头孢菌素类、磺胺类、喹诺酮类、林可霉素类	拮抗	
		茶碱类	沉淀或失效	
		氯化钠、氯化钙	沉淀、游离析出	
磺胺类	磺胺间甲氧嘧啶 磺胺甲噁唑 磺胺喹噁啉钠 磺胺氯吡嗪钠	氨基糖苷类、多黏菌素类、四环素类、氯霉素类、喹诺酮类、甲氧苄胺	协同或相加	与氨基糖苷类、多黏菌素类、氯霉素类联用应适当减少用量
		青霉素类、头孢菌素类、大环内酯类、林可霉素类	拮抗	

类别	常用药物	配伍药物	结果	备注
喹诺酮类	诺氟沙星 环丙沙星 恩诺沙星 单诺沙星 培氟沙星	青霉素类、头苷孢菌素类、氨基糖苷类、多黏菌素类、磺胺类、林可霉素类、甲硝唑	协同或相加	
		四环素类、氯霉素类、大环内酯类、呋喃类、利福平	拮抗	
		茶碱类	沉淀或失效	可致氨茶碱毒性反应发生
		金属阳离子药物	形成螯合物	
林可霉素类	盐酸林可霉素 克林霉素	头孢菌素类、氨基糖苷类、喹诺酮类、甲硝唑、甲氧苄胺	协同或相加	与氨基糖苷类联用应适当减少用量
		青霉素类、氯霉素类、大环内酯类、磺胺类	拮抗	
		茶碱类、维生素C	浑浊、失效	

(四)用药误区

目前,在禽类疾病的治疗过程中,药物的应用经常存在以下几个方面的误区和不足:

(1)不注意给药的时间:无论什么药物,固定给药模式或用药习惯,不是在料前喂,就是在料后喂。

(2)不注意给药次数:不管什么药物,都是一天给药1次。

(3)不注意给药间隔:凡是一日2次给药,白天间隔时短(6~8 h),而晚上间隔过长(16~18 h)。

(4)不重视给药方法:无论什么药物,不管什么疾病,一律饮水或拌料给药,自由饮水或采食。

(5)片面加大用药量或减少兑水量:无论什么药物。都按照厂家产品说明书加倍用药。

（6）疗程不足或频繁换药：不管什么药物，不论什么疾病，见效或不见效，都是 3 天停药。

（7）不适时更换新药：许多用户用某一种药物治愈了某一种疾病，就认准这种药物，反复使用，且不改变用量，一用到底。

（8）药物选择不对症：如本来为呼吸道疾病，口服给药用肠道不宜吸收药物（硫酸新霉素等）。

（9）盲目搭配用药：不论什么疾病，如大肠杆菌与慢呼混感，不清楚药理药效，不顾配伍禁忌，多种药物胡乱搭配使用。

（10）忽视不同情况下的用药差别：如疾病状态、种别、药物酸碱性影响、水质等。

（五）合理使用药物

1.给药时间

内服药物大多数是在胃肠道吸收的，因此，胃肠道的生理环境，尤其是 pH 的高低、饱腹状态、胃排空速率等往往影响药物生物利用度。如林可霉素需空腹给药，采食后给药药效下降 2/3；红霉素则需喂料中或喂料后给药，否则易受胃酸破坏，药效下降 80%。

而有的药物需定点给药，如用氨茶碱治疗支原体、传支或传喉所致呼吸困难时，最佳用药方法是将 2 天的用量于晚间 8 点一次应用，这样既可提高其平喘效果，且强心作用增加 4～8 倍，还可减少与其他药物如红霉素、氨基糖苷类等不良反应的发生。

需要注意给药时间的常用药物及内服方法如下：

（1）需空腹给药的药物（料前 1 h）：半合成青霉素中阿莫西林、氨苄西林、多西环素、林可霉素、利福平，喹诺酮类中诺氟沙星、环丙沙星、甲磺酸培氟沙星等。

（2）料后 2 h 给药的药物：罗红霉素、阿奇霉素、左旋氧氟沙星。

（3）需定点给药的药物：地塞米松磷酸钠治疗禽大肠杆菌败血病、腹膜炎、重症菌毒混合感染时，将 2 天用量于上午 8 点一次性投药，可提高效果，减轻撤停反应。氨茶碱，将 2 天用量于晚间 8 点一次性投药。扑尔敏、盐酸苯海拉明,将 1 天用量于晚间 9 点一次性投药。蛋鹅补钙(葡萄糖酸钙、乳酸钙),早晨 6 点投药疗效较好。

(4)需喂料时给药的药物:脂溶性维生素(维生素 D、维生素 A、维生素 E、维生素 K_1、维生素 K_2)、红霉素等。

(5)关于中药:治疗肺部感染、支气管炎、心包炎、肝周炎,宜早晨料前 1 次投喂。治疗肠道疾病、输卵管炎、卵黄性腹膜炎,宜晚间料后 1 次投喂。

2.给药次数

浓度依赖型杀菌药物(氨基糖苷类、喹诺酮类),其杀菌主要取决于药物浓度而不是用药次数,以 2MBC(最低杀菌浓度,可以理解为通常使用效量的 2 倍)用量一日只需给药 1 次,有利于迅速达到有效血药浓度,缩短达峰时间,既可以提高疗效,又可以减少不良反应。否则即使一天给药 10 次,也不能达到治疗目的。

抑菌药(如红霉素、林可霉素、磺胺喹恶林钠等)的作用在达到 MIC(最低抑菌浓度)时,其药效主要取决于必要的用药次数,次数不足,即使 10 倍 MIC 也不能达到治疗目的,反而造成细菌有高浓度压力下的相对耐药性产生。

某些半衰期长的药物如地塞米松磷酸钠、硫酸阿托品、盐酸溴己环铵等,也可一日给药 1 次。

可一日给药 1 次的药物:头孢曲松、氨基糖苷类、多西环素、氟苯尼考、阿奇霉素、琥乙红霉素(用于支原体感染)、克林霉素(用于金黄色葡萄球菌感染)、硫酸黏杆菌素、磺胺间甲氧嘧啶、硫酸阿托品、盐酸溴己新等。

可两日给药 1 次的药物:地塞米松磷酸钠、氨茶碱等。

其他的药物多为一日 2 次用药。有的药物如用麻黄碱喷雾给药解除严重喘疾时,也可一日多次给药。

不同药物的一日用药次数不同,特别是上述提到的抑菌药物。而在通常的用药习惯上,有时可能出于使用方便一日仅 2 次给药,因此,在尽可能选择血药半衰期长的品种的同时,应充分重视给药间隔对药物作用的影响。

如用户可能上午 9～10 点给药,下午 4～5 点就给药了,而正确的用药间隔为 12 h,治疗效果差。如在实际养殖过程中不易做到的话,白天 2 次用药间隔时间应保证在 10 h 以上,以确保药物的连续作用。

3.给药方法

混饮或拌料是最常用、最习惯的给药方法,但由于药物不同、疾病不同、疾病严重程度不同,还应考虑喷雾给药和肌内注射给药。

(1)可用于喷雾给药的药物:利巴韦林、氨茶碱、麻黄碱、氧苯那敏、克林霉素、阿奇霉素、硫酸卡那霉素、氟苯尼考等,特别是用利巴韦林治疗病毒感染,喷雾给药的效果是同剂量药物饮水给药的 10 倍,最佳的雾滴直径为 10～20 μm,即使用常规喷雾器(直径≥80 μm)也会取得较饮水给药更好的效果。

(2)可用于喷雾给药治疗的疾病:慢性呼吸道疾病、病毒性呼吸道感染、不能采料和饮水的重症感染(如禽流感或慢性新城疫与大肠杆菌、支原体重症混合感染),注射给药因应激常导致病鹅肝破裂而死亡,而喷雾是唯一的给药方法。

(3)可用于肌内注射治疗的疾病:大肠杆菌性败血症、重症腹膜炎(常导致药物肠道吸收不良)、重症菌毒感染(不饮水、不采料、心衰、肝大者)及传染性法氏囊病。

4.药物的不良反应

一般用药时都考虑效果,很少考虑副作用。如用恩诺沙星治疗大肠杆菌肠道感染所致肠炎、腹泻,加大用量反而加重腹泻。许多毒性大的药物,如马杜拉霉素、海南霉素等,治疗浓度接近中毒浓度,加大用量常导致中毒死亡。麻黄碱、氨茶碱等药物用的时间过长,也会出现拉稀等症状。氨基糖苷类的药物在肠道中吸收率低,对于肠源性大肠杆菌效果好,而对三炎性大肠杆菌效果一般。对肾脏有损伤,出现肾脏肿胀的尽量不用。

5.药物的用法用量

为达到最佳效果,每次用药兑水量:一日1次,以日饮水量30％为宜;一日2次,各以日饮水量25％为宜;为使药物血药达峰时间缩短,最好限制药水饮用时间,以不超1h为宜,切忌将药物加入水中让鹅自由饮用(不易达到血药峰值,治疗效果差)。因此,投药前需停水,冬季停水2h,夏季停水1h。

如果不是毒性大的药物,首次倍量,以后常量使用。

如果用原料药,自行配制治疗疾病,用药浓度可参照兽医药理书。

6.关于抗感染药物的联合用药

在禽病治疗过程中,为达到治疗目的,往往2种或多种抗感染药物联合用药。

联合用药的目的包括拓宽抗菌谱、减少耐药性产生、降低各药用量和治疗成本、缩短病程、提高疗效。

在联合用药的前提,下列情况可考虑联合用药:

(1)重症感染,如心内膜炎、脑内膜炎。

(2)腹腔感染、心包炎、肝周炎。

(3)重症菌毒混合感染,如大肠杆菌病与新城疫混合感染。

(4)不明原因混合感染(为迅速控制病情,治疗初期多联合用药,一旦确定病原或经药敏试验,去掉低敏或不对症者)。

7.抗感染药物分类

按照药物的作用机制,一般将抗感染药物分为4类。

(1)繁殖期杀菌剂或破坏细胞壁者,青霉素类、头孢菌素类、磷霉素类、多肽类。

(2)静止期杀菌剂:氨基糖苷类、喹诺酮类、安莎类。

(3)速效抑菌剂:四环素类、氯霉素类、大环内脂类、林可胺类

(4)慢效抑菌剂:磺胺类、卡巴氧类、磺胺增效剂

8.药物间的相互作用

不同种类抗菌药物联合应用可表现为协同、累加、无关和拮抗4种效

果。一般而言,繁殖期杀菌剂与静止期杀菌剂使用后获协同作用的机会增多;速效抑菌制与繁殖期杀菌剂联合使用后产生拮抗作用;速效抑菌剂之间联合使用后一般产生累加作用;速效与慢效抑菌剂联合使用后产生累加作用;静止期杀菌剂与速效抑菌剂联合使用后产生协同和累加作用。

9.其他用药注意事项

药物的作用效果还与疾病状态、种别、药物酸碱性、水质有一定的关系。

(1)肠杆菌肾肿。不应该选择易致肾肿的药物,如氨基糖苷类、喹诺酮类、多黏菌素 E 等,可选择头孢菌素类、利福平等治疗。另外,许多药物是通过肾脏排泄的,如头孢菌素类,可将该类药物适当减量(减量 1/4)后一日用药 1 次。

(2)肝大、肝周炎。许多药物是经肝脏代谢的,当发生上述疾病时,应适当减量(减 1/3)。

(3)种别. 鹅为酸性体质,用碱性药物如碱性恩诺沙星治疗,效果不佳。

(4)药物酸碱性对治疗效果影响。

①需在碱性环境中使用的药物:庆大霉素、新霉素、利福平(pH<9)、阿奇霉素[pH 为 6.2 时,MIC(最低抑菌浓度)较 pH 为 7.2 时高 100 倍]、恩诺沙星、磺胺类。

②需在酸性环境中使用的药物:多西环素。

③需在中性环境中使用的药物:青霉素类、头孢菌素类。

(5)水质。有的水质中含重金属离子如 Fe^{2+}、Al^{3+} 很多,对多西环素、喹诺酮类有很大的影响,一般需投喂水质改良剂(螯合剂),在 100 kg饮水中加用 EDTA-Na_2 10 g。

(六)抗生素替代品的使用

抗生素替代品既能够防控细菌性疾病,又能解决抗生素残留和危害,符合食品安全的要求,应用前景广阔。

1.抗菌肽

抗菌肽是一类具有抗菌活性的阳离子短肽的总称,也是生物体先天免疫系统的一个重要组分。目前,已有将其基因克隆入酵母中,并能高效表达,可通过发酵优化生产出抗菌肽酵母制剂,代替抗生素预防和治疗沙门菌等引起的细菌病。其主要作用特点:①对多种病原体(细菌、病毒、真菌、寄生虫)和癌细胞具有杀伤或抑制作用,而对真核细胞不具有细胞毒作用。②生物学活性稳定,在高离子强度和酸碱环境中或100 ℃加热10 min时仍具有杀菌、抑菌作用。③能与宿主体内某些阳离子蛋白、溶菌酶或抗生素协同作用,增强其抗菌效应。④具有与抗生素不同的杀菌机制(菌细胞膜穿孔),不易产生抗菌肽耐药菌株。⑤能与细胞脂多糖结合,具有中和内毒素的作用,因此对革兰染色阴性菌败血症和内毒素中毒性休克具有很好的防治作用。⑥调节细胞因子表达,可募集并增强吞噬细胞的杀菌作用,而降低由炎症细胞因子引发的炎症反应。

2.植物提取物

植物提取物具有天然性、低毒、无抗药性、多功能等特点。我国传统的中草药是最可利用的,其含有的多糖、生物碱、苷类、脂类、植物色素等生物活性物质以及营养物质具有抗病毒、抗菌、抗应激、提高机体免疫力、促生长等作用。目前,已经应用的有大蒜素、小檗碱、鱼腥草素、黄芪多糖等。

3.微生态制剂

微生态制剂也称"活菌制剂""生菌剂",是根据微生态学原理,由一种或多种有益于动物胃肠道微生态平衡的活微生物制成的活菌制剂。微生态制剂的主要作用是在数量或种类上补充肠道内缺乏的正常微生物,调节动物胃肠道菌群趋于正常化或帮助动物建立正常微生物群系,抑制或排除致病菌和有毒菌,维持胃肠道的菌群平衡,维护胃肠道的正常生理功能,增强机体免疫力,达到预防疾病和提高生产性能的目的。目前,已经应用的有乳酸杆菌、双歧杆菌、噬菌蛭弧菌、粪链球菌、蜡样芽孢杆菌、枯草杆菌及酵母菌等,多呈复合制剂,使用比较广泛。缺点是保存、运输和使用过程中活性损失较大,从而降低了该产品的使用效果。

微生态制剂与抗生素的作用有相同之处。抗生素是直接抑制细菌的生长,而微生态制剂则是增加有益菌的数量,从而抑制有害菌的生长。

目前,微生态制剂在蛋鹅上应用比较多,可显著提高产蛋率和饲料利用率,改善蛋的品质。

4. 噬菌体制剂

噬菌体制剂具有独特优势,治疗效果随着宿主菌的增殖而增强,另外,不存在耐药性,无残留问题,毒副作用小,制备相对容易,成本也较低。

5. 有机酸

研究表明,一些短链脂肪酸及其盐类在畜禽日粮中的作用与促生长抗生素相似,能抑制肠道中有害菌(如大肠杆菌等)的繁殖,甚至能够直接杀灭某些肠道内的致病菌(如沙门菌)。另外,通过降低饲料的系酸力、参与调节消化道内 pH 的平衡、改善饲料报酬,从而提高动物的生产性能。目前,柠檬酸、乳酸、磷酸、延胡索酸等是常用的酸化剂。

6. 低聚糖

低聚糖也称为"功能性低聚糖""寡糖",是 2～10 个单糖以糖苷键连接的小聚合物总称。这类糖经口服进入动物机体肠道后,能促进有益菌增殖,抑制有害菌生长;通过结合、吸收外源性致病菌,充当免疫刺激的辅助因子,改善饲料转化率,提高机体的抗病力和免疫力。目前,已用作饲料添加剂的有低聚果糖、低聚乳糖、低聚木糖、低聚半乳糖、低聚异麦芽糖、甘露低聚糖、大豆低聚糖等。

7. 酶制剂

目前,饲料用酶制剂可提高饲料消化、吸收率,并降低麦类等滞留对肠道产生的不利影响,如麦类专用酶、木聚糖酶、葡聚糖酶、甘露聚糖酶、植酸酶等。

二、禁用药物

(一)我国禁用药物名单

为了保证动物源性食品安全,维护人民身体健康,农业部先后发布第193号、第176号和第560号公告,严禁对食品动物(包括蛋鹅)使用国务院畜牧兽医行政管理部门已明令禁用或未经批准的兽药。禁用兽药清单如下:

(1)肾上腺素受体激动剂:盐酸克仑特罗、沙丁胺醇、硫酸沙丁胺醇、莱克多巴胺、盐酸多巴胺、西马特罗、硫酸特布他林、苯乙醇胺A、班布特罗、盐酸齐帕特罗、盐酸氯丙那林、马布特罗、西布特罗、溴布特罗、酒石酸阿福特罗、富马酸福莫特罗、盐酸可乐定、盐酸赛庚啶。

(2)性激素:己烯雌酚、雌二醇、戊酸雌二醇、苯甲酸雌二醇、氯烯雌醚、炔诺醇、炔诺醚、醋酸氯地黄体酮、左炔诺黄体酮、炔诺酮、绒毛膜促性腺激素(绒促性素)、促卵泡生长激素、甲睾酮、丙酸睾酮。

(3)具有雌激素样作用的物质:玉米赤霉醇、去甲雄三烯酮、醋酸甲羟黄体酮及制剂。

(4)蛋白同化激素:碘化酪蛋白、苯酸诺龙及苯丙酸诺龙注射液。

(5)精神药品:氯丙嗪、盐酸异丙嗪、安定(地西泮)、苯巴比妥、苯巴比妥钠、巴比妥、异戊巴比妥、异戊巴比妥钠、利血平、艾司唑仑、甲丙氨脂、咪达唑仑、硝西泮、奥沙西泮、匹莫林、三唑仑、唑吡旦以及其他国家管制的精神药品。

(6)氯霉素及其盐、酯(包括琥珀氯霉素)制剂。

(7)氨苯砜及制剂。

(8)硝基呋喃类:呋喃唑酮、呋喃它酮、呋喃苯烯酸钠、呋喃西林、呋喃妥因、呋喃那丝及制剂。

(9)硝基化合物:硝基酚钠、硝呋烯腙、替硝唑及制剂。

(10)硝基咪唑类:甲硝唑、地美硝唑及其盐、酯制剂。

(11)抗生素、合成抗菌药:头孢哌酮、头孢噻肟、头孢曲松、头孢噻吩、头孢拉啶、头孢唑啉、头孢噻啶、罗红霉素、克拉霉素、阿奇霉素、磷霉素、硫酸奈替米星、氟罗沙星、司帕沙星、甲替沙星、克林霉素（氯林可霉素、氯洁霉素）、妥布霉素、胍哌甲基四环素、盐酸甲烯土霉素（美他环素）、两性霉素、利福霉素、万古霉素等及其盐、酯及单、复方制剂。

（12）喹噁啉类：卡巴氧及其盐、酯制剂。

（13）催眠、镇静类：甲喹酮及制剂。

（14）杀虫剂：林丹（丙体六六六）、毒杀芬（氯化烯）、呋喃丹（克百威）、杀虫脒（克死螨）、双甲脒、酒石酸锑钾、锥虫肿胺、孔雀石绿、五氯酚酸钠。

（15）各种汞制剂：氯化亚汞（甘汞）、硝酸亚汞、醋酸汞、吡啶基酯酿汞。

（16）抗病毒药物：金刚烷胺、金刚乙胺、阿昔洛韦、吗啉（双）胍（病毒灵）、利巴韦林等。

（17）复方制剂：注射用的抗生素与安乃近、氟喹诺酮类等化学合成药物的复方制剂；镇静类药物与解热镇痛药等治疗药物组成的复方制剂。

（18）解热镇痛类：双嘧达莫、聚肌胞、氟胞嘧啶、代森铵、磷酸伯氨喹、磷酸氯喹、异噻唑啉酮、盐酸地酚诺酯、盐酸溴己新、西咪替丁、盐酸甲氧氯普胺、甲氧氯普胺、比沙可啶、二羟丙茶碱、白介素-2、别嘌醇、多抗甲素（α-甘露聚糖肽）等及其盐、酯及制剂

（19）各种抗生素滤渣。

（二）部分国家和地区禁用药物名单

我国的鹅要想走出国门，进入国际市场，就必须了解其他国家禁用什么药物，现将部分国家和地区禁用药物名单汇列如下，仅供参考。

1.欧盟

欧盟禁用药物有：阿伏霉素，洛硝达唑，卡巴多，喹乙醇，杆菌肽锌（禁止作饲料添加药物使用），螺旋霉素（禁止作饲料添加药物使用），维吉尼亚霉素（禁止作饲料添加药物使用），磷酸泰乐菌素（禁止作饲料添

加药物使用),阿普西特,二硝托胺,异丙硝唑,氯羟吡啶,氯羟吡啶/苄氧喹甲酯,氨丙啉,氨丙啉/乙氧酰胺苯甲酯,地美硝唑,尼卡巴嗪,二苯乙烯类及其衍生物、盐和酯(如己烯雌酚等),抗甲状腺类药物(如甲巯咪唑、普萘洛尔等),类固醇类(如雌激素、雄激素、孕激素等),二羟基苯甲酸内酯(如玉米赤霉醇),β-受体兴奋剂类(如克仑特罗、沙丁胺醇、喜马特罗等),马兜铃属植物及其制剂,氯霉素,氯仿,氯丙嗪,秋水仙碱,氨苯砜,甲硝咪唑,硝基呋喃类。

2. 美国

美国禁用药物有:氯霉素,克仑特罗,己烯雌酚,地美硝唑,异丙硝唑,其他硝基咪唑类,呋喃唑酮(外用除外),呋喃西林(外用除外),泌乳牛禁用磺胺类药物(下列除外:磺胺二甲氧嘧啶、磺胺溴甲嘧啶、磺胺乙氧嗪),氟喹诺酮类(沙星类),糖肽类抗生素(如万古霉素),阿伏霉素。

3. 日本

日本禁用药物有:氯羟吡啶,磺胺喹恶啉,氯霉素,磺胺甲基嘧啶,磺胺二甲基嘧啶,磺胺-6-甲氧嘧啶,恶喹酸,乙胺嘧啶,尼卡巴嗪,双呋喃唑酮,阿伏霉素。

4. 中国香港

中国香港禁用药物有:氯霉素,克仑特罗,己烯雌酚,沙丁胺醇,阿伏霉素,己二烯雌酚,己烷雌酚。

三、常用药物用法与用量

(一)家禽常用内服药物用法与用量

鹅给药方式不同,所用的浓度也不尽相同。一般情况下,鹅的饮水量是采食量的 2 倍,混饲浓度是自由饮水浓度的 2 倍。在生产中为提高用药效果一般不采取自由饮水的给药方式,而是采取口渴饮水法。药液浓度必须提高,一般按鹅群体重来计算用药量,一次性投喂。下面将生产中常用药物的单位体重喂药量列出,以供饲养者参考。

(1)青霉素 G:又名"青霉素""苄青霉素",抗菌药物,肌注 5 万～10

万单位/千克体重。与四环素等酸性药物及磺胺类药有配伍禁忌。

（2）氨苄青霉素：又名"氨苄西林""氨比西林"，抗菌药物，25～40 mg/千克体重。

（3）阿莫西林：又名"羟氨苄青霉素"，抗菌药物，25～40 mg/千克体重。

（4）泰乐菌素：又名"泰农"，抗菌药物，20～30 mg/千克体重，不能与聚醚类抗生素合用。注射用药反应大，注射部位坏死，精神沉郁及采食量下降1～2天。

（5）泰妙菌素：又名"支原净"，抗菌药物，10～30 mg/千克体重，不能与莫能菌素、盐霉素、甲基盐霉素等聚醚类抗生素合用。

（6）替米考星：抗菌药物，10～20 mg/千克体重，产蛋期禁用。

（7）红霉素：抗菌药物，20～30 mg/千克体重，不能与莫能菌素、盐霉素等抗球虫药合用。

（8）螺旋霉素：抗菌药物，20～40 mg/千克体重。

（9）北里霉素：又名"吉它霉素""柱晶霉素"，抗菌药物，50～100 mg/千克体重，产蛋期禁用。

（10）林可霉素：又名"洁霉素"，抗菌药物，20～40 mg/千克体重，最好与其他抗菌药物联用以减缓耐药性产生，与多黏菌素、卡那霉素、新霉素、青霉素G、链霉素、复合维生素B等药物有配伍禁忌。

（11）杆菌肽：抗菌药物，5～10 mg/千克体重，对肾脏有一定的毒副作用。

（12）多黏菌素：又名"黏菌素""抗敌素"，抗菌药物，3～8 mg/千克体重。与氨茶碱、青霉素G、头孢菌素、四环素、红霉素、卡那霉素、维生素B$_{12}$、碳酸氢钠等有配伍禁忌。

（13）链霉素：抗菌药物，肌注5万单位/千克体重，雏禽和纯种外来禽慎用。

（14）卡那霉素：抗菌药物，10～15 mg/千克体重，尽量不与其他药物配伍使用。与氨苄青霉素、头孢曲松钠、磺胺嘧啶钠、氨茶碱、碳酸氢钠、维生素 C 等有配伍禁忌。注射剂量过大，可引起毒性反应，表现为水泻、消瘦等。

(15)阿米卡星：又名"丁胺卡那霉素"，抗菌药物，10～15 mg/千克体重。与氨苄青霉素、头孢唑啉钠、红霉素、新霉素、维生素 C、氨茶碱、盐酸四环素类、地塞米松、环丙沙星等有配伍禁忌。注射剂量过大，可引起毒性反应，表现为水泻、消瘦等。

(16)新霉素：抗菌药物，15～30 mg/千克体重。

(17)壮观霉素：又名"大观霉素""速百治"，抗菌药物，20～40 mg/千克体重，产蛋期禁用。

(18)安普霉素：又名"阿普拉霉素"，抗菌药物，20～40 mg/千克体重。

(19)强力霉素：又名"多西环素""脱氧土霉素"，抗菌药物，20～30 mg/千克体重，配伍禁忌同土霉素。

(20)庆大霉素：抗菌药物，饮水 10～20 mg/千克体重，肌注 5～10 mg/千克体重。与氨苄青霉素、头孢菌素类、红霉素、磺胺嘧啶钠、碳酸氢钠、维生素 C 等药物有配伍禁忌。注射剂量过大，可引起毒性反应，表现为水泻、消瘦等。

(21)金霉素：抗菌药物，50～100 mg/千克体重，配伍禁忌同土霉素。

(22)氟苯尼考：又名"氟甲砜霉素"，抗菌药物，20～30 mg/千克体重。

(23)氧氟沙星：又名"氟嗪酸"，抗菌药物，10～15 mg/千克体重。与氨茶碱、碳酸氢钠有配伍禁忌。与磺胺类药合用，会加重对肾的损伤。

(24)恩诺沙星：抗菌药物，10～15 mg/千克体重，配伍禁忌同氧氟沙星。

(25)环丙沙星：抗菌药物，肌注 15～30 mg/千克体重，配伍禁忌同氧氟沙星。

(26)达氟沙星：又名"单诺沙星"，抗菌药物，10～15 mg/千克体重，配伍禁忌同氧氟沙星。

(27)沙拉沙星：抗菌药物，10～15 mg/千克体重，配伍禁忌同氧氟沙星。

(28)敌氟沙星：又名"二氟沙星"，抗菌药物，10～15 mg/千克体重，配伍禁忌同氧氟沙星。

(29)氟哌酸：又名"诺氟沙星"，抗菌药物，20～40 mg/千克体重，配伍禁忌同氧氟沙星。

(30)磺胺嘧啶：抗菌药物、抗球虫药、抗卡氏白细胞虫药，100～150 mg/千克体重。不能与拉沙菌素、莫能菌素、盐霉素配伍，产蛋鹅慎用，最好与碳酸氢钠同时使用。

(31)磺胺二甲基嘧啶：又名"菌必灭"，抗菌药物、抗球虫药、抗卡氏白细胞虫药，100～150 mg/千克体重，配伍禁忌同磺胺嘧啶。

(32)磺胺甲基异噁唑：又名"新诺明"，抗菌药物、抗球虫药、抗卡氏白细胞虫药，40～60 mg/千克体重，配伍禁忌同磺胺嘧啶。

(33)磺胺喹噁啉：抗菌药物、抗球虫药、抗卡氏白细胞虫药，40～60 mg/千克体重，配伍禁忌同磺胺嘧啶。

(34)磺胺氯吡嗪钠：抗菌药物、抗球虫药、抗卡氏白细胞虫药，40～60 mg/千克体重，配伍禁忌同磺胺嘧啶。

(35)二甲氧苄氨嘧啶：又名"敌菌净"，抗菌药物、抗球虫药、抗卡氏白细胞虫药，20～30 mg/千克体重。由于易形成耐药性，因此不宜单独使用。常与磺胺类药或抗生素按1：5比例使用，可提高抗菌甚至杀菌作用。不能与拉沙霉素、莫能菌素、盐霉素等抗球虫药配伍。产蛋鹅慎用，最好与碳酸氢钠同时使用。

(36)三甲氧苄氨嘧啶：抗菌药物、抗球虫药、抗卡氏白细胞虫药，20～30 mg/千克体重。配伍禁忌同二甲氧苄氨嘧啶。

(37)痢菌净：又名"乙酰甲喹"，抗菌药物，3～6 mg/千克体重。毒性大，务必拌匀，连用不能超过3天。

(38)制霉菌素：抗真菌药物，治疗曲霉菌病：1万～2万单位/千克体重。

(39)莫能菌素：又名"欲可胖""牧能菌素"，抗球虫药，10 mg/千克体重。能使饲料适口性变差以及引起啄毛。产蛋期禁用。

(40)盐霉素：又名"优素精""球虫粉""沙利霉素"，抗球虫药，5 mg/千克体重。产蛋期禁用。本品能引起鹅的饮水量增加，造成垫料潮湿。

(41)拉沙菌素：又名"球安"，抗球虫药，10 mg/千克体重。可引起饮水量增加，导致垫料潮湿。产蛋期禁用。

(42)马杜霉素：又名"加福""抗球王"，抗球虫药，0.5 mg/千克体重。拌料不匀或剂量过大会引起鹅瘫痪。产蛋期禁用。

(43)氨丙啉：又名"安宝乐"，抗球虫药，10～20 mg/千克体重。因能妨碍维生素 B_1 吸收，因此使用时应注意维生素 B_1 的补充。过量使用会引起轻度免疫抑制。

(44)尼卡巴嗪：又名"球净""加更生"，抗球虫药，10 mg/千克体重。会造成生长抑制，蛋壳变浅色，受精率下降，因此产蛋期禁用。

(45)二硝托胺：又名"球痢灵"，抗球虫药，10～20 mg/千克体重，与5 mg/千克体重洛克沙生联用有增效作用。

(46)氯苯胍：又名"罗本尼丁"，抗球虫药，3 mg/千克体重。可引起鹅肉品和鹅蛋有异味，所以产蛋期一般不宜使用。

(47)氯羟吡啶：又名"克球粉""克球多""康乐安""可爱丹"，抗球虫药，10～20 mg/千克体重。产蛋期禁用。

(48)地克珠利：又名"杀球灵""伏球""球必清"，抗球虫药，0.1 mg/千克体重。产蛋期禁用。

(49)妥曲珠利：又名"百球清"，抗球虫药，2 mg/千克体重。产蛋期禁用。

(50)常山酮：又名"速丹"，抗球虫药，0.3 mg/千克体重，拌料0.0002%～0.0003%。

(51)左旋咪唑：驱线虫药，一次性口服，40 mg/千克体重。

(52)丙硫苯咪唑：又名"阿苯达唑""抗蠕敏"，驱消化道蠕虫药，口服30 mg/千克体重。

(53)碳酸氢钠:磺胺药中毒解救药及减轻酸中毒,饮水 0.1％,拌料 0.1％～0.2％。

(54)氯化铵:祛痰药,饮水 0.05％。

(55)硫酸铜:抗曲霉菌药,抗毛滴虫药,0.05％饮水,鹅口服中毒剂量为 1 g/千克体重。硫酸铜对金属有腐蚀作用,必须用瓷器或木器盛装。

(56)碘化钾:抗曲霉菌药,抗毛滴虫药,饮水 0.2％～1％。

(57)阿维菌素:驱线虫、节肢动物药物,拌料 0.3 mg/千克体重,皮下注射 0.2 mg/千克体重。

(58)伊维菌素:驱线虫、节肢动物药物,拌料:0.3 mg/千克体重,皮下注射 0.2 mg/千克体重。

(二)家禽常用消毒药用法与用量

让细菌或病毒蛋白变性是消毒药的主要功能,所以在消毒前将鹅舍和设备用具清理干净有利于消毒效果的保证。

(1)来苏儿:又名"煤酚皂溶液",3％～5％溶液喷洒,2％溶液消毒皮肤。

(2)臭药水:又名"煤焦油皂液""克辽林",3％～5％溶液喷洒,10％溶液可以浸浴鹅脚,治疗鳞足病。

(3)福尔马林:又名"甲醛溶液"(含甲醛 40％),4％溶液喷洒。福尔马林和高锰酸钾按 2:1 的比例放入玻璃器皿中熏蒸消毒,每立方米空间福尔马林 24 mL、高锰酸钾 12 g,熏蒸消毒 4 h 以上,或每立方米空间福尔马林 24 mL 加热熏蒸消毒,熏蒸消毒 12 h 以上。

(4)生石灰:又名"氧化钙",用于鹅舍外道路消毒,一般洒干粉。10％～20％石灰乳涂刷鹅舍墙壁及地面,或消毒排泄物。不能久储,必须现配现用。

(5)氢氧化钠:又名"苛性钠""烧碱",2％～3％热水溶液。本品有腐蚀性,能损坏纺织物,用时应小心。

(6)漂白粉:又名"含氯石灰",5％～10％悬液,不能消毒金属用具,必须现配现用。

(7)新洁尔灭:0.1％溶液喷洒。肥皂能减低本品的效力,遇高锰酸钾、碘和碘化物以及硼酸,可产生沉淀。

(8)过氧乙酸:0.2％～0.5％溶液喷洒。本品有腐蚀性,不能消毒金属用具。

(9)高锰酸钾:0.1％～0.5％溶液,现配现用。

(10)乙醇:又名"酒精",70％溶液外用,一般用于皮肤和器械的消毒。

(11)碘酊:2％溶液外用,对创伤和黏膜有刺激性。

(12)碘甘油:3％溶液外用。本品无刺激性,用于消毒黏膜,可以治疗黏膜性鹅痘。

(13)紫药水:1％～2％溶液,一般用于皮肤和创伤器消毒。

(14)农福:为醋酸混合酚与烷基苯磺酸复配的水溶液,1％～1.3％溶液用于畜禽喷洒消毒,1.7％溶液用于器具、车辆消毒。

(15)优氯净:又名"二氯异氨尿酸钠",0.5％～1％溶液喷洒、浸泡、擦拭等消毒,饮水消毒 4 mg/L。

(16)百毒杀:双链季铵盐,饮水消毒为 25～50 mg/L,带鹅消毒为 150 mg/L。

第四节 鹅常见疾病的防治措施

鹅病的防治,特别是鹅传染病的防治,对一个养鹅场或养鹅专业户来说,是饲养成功并获得利润的关键。了解鹅的常见疾病症状,有助于养殖户减少或降低养鹅的风险。季节更替时节,温度变化大,各种病原体容易滋生繁殖,是易发病时节。此时如果忽视预防,则很容易诱发病害,导致鹅因群发性和流行性病害死亡,造成损失。为了确保鹅饲养安全,提高养殖效益,现将鹅常见病的症状及防治方法介绍给大家。

一、小鹅瘟

（一）发病原因

小鹅瘟是由细小病毒引起的雏鹅急性败血性传染病。病雏鹅和带毒成年鹅是本病的传染源，病毒随病鹅的分泌物和排泄物排出，污染饲料、饮水、用具及周围环境。不同品种的雏鹅均可感染本病。

（二）临床症状

临床症状可分最急性、急性和亚急性。

（1）最急性型常发生于 1 周龄内的雏鹅，往往无明显临床症状而突然死亡，或发现病雏衰弱、呆滞或倒地两脚乱动，不久死亡。

（2）急性型多为 2 周龄内的雏鹅，病雏精神萎靡、缩头、步行艰难，常离群独处，食欲废绝，喜欢饮水，严重下痢，排出黄白水样或混有气泡的稀粪。

（3）亚急性型发生于 2 周龄以上的雏鹅，常见食欲缺乏，下痢，日益消瘦，病程可达 1 周以上，有的病雏可康复，但生长发育不良。

（三）病理剖检

剖检主要病变在消化道、死于最急性型的病雏，发现病变不明显，只有小肠黏膜肿胀、充血和出血，出现败血性症状。急性型雏鹅的特征性病变是小肠的中段、下段尤其是回盲部的肠段极度膨大，质地硬实，形如香肠，肠腔内形成淡灰色或淡黄色的凝固物，其外表包围着一层厚的坏死肠黏膜和纤维形成的伪膜，往往使肠腔完全填塞。部分病鹅的小肠内虽无典型的凝固物，但肠黏膜充血和出血，表现为急性卡他性肠炎。肝、脾肿大流血，偶有灰白色坏死点，胆囊也增大。

（四）诊断

根据本病流行病学、临床症状和特征性的消化道病变，一般可作出初步诊断，进一步诊断需借助实验室方法。

（五）治疗方法

各种抗菌药对本病无治疗作用。由于病程太短，对于症状严重的病雏,抗小鹅瘟高免血清的治疗效果甚微。及早注射禽用白细胞干扰素能制止 80％～90％已被感染的雏鹅发病。

(1)对于发病初期的病鹅用禽用白细胞干扰素饮水给药。1 瓶禽用白细胞干扰素供 500 羽饮用,每天 1 次,连用 3～5 天。

(2)在饲料中加入葡萄糖、维生素 B_1、维生素 C,可增强雏鹅的抵抗力。

(3)可以使用抗小鹅瘟血清,潜伏期的雏鹅 0.5 mL,已出现初级症状者 2～3 mL 皮下注射。

(六)防治措施

各种抗生素和磺胺类药物对此病无治疗作用,因此主要做好预防工作。

(1)消毒孵化室的一切用具、设备于使用后必须清洗消毒。种蛋需经福尔马林熏蒸消毒。刚出壳的雏鹅防止与新购入的种蛋接触,育雏室要定期消毒。

(2)小鹅瘟疫苗注射母鹅在产蛋前 1 个月,每只注射 1∶100 倍稀释的(或见说明书)小鹅瘟疫苗 1 mL,免疫期 300 天,每年免疫 1 次。注射后 2 周,由母鹅所产的种蛋孵出的雏鹅具有免疫力。母鹅注射小鹅瘟疫苗后,无不良反应。

(3)免疫血清注射在本病流行地区,未经免疫种蛋所孵出的雏鹅,每只皮下注射 0.5 mL 抗小鹅瘟血清,保护率可达 90％以上。

二、鸭瘟病毒病

(一)发病原因

鸭瘟俗称"大头瘟",又名"鸭病毒性肠炎",是鹅的一种急性败血性传染病。鸭瘟的致病力较强,鹅与病鸭密切接触也会感染致病。该病发病率和死亡率均较高,一旦鹅群感染后,能迅速传播,引起大批死亡,给养鹅生产造成巨大的经济损失。本病也是养鹅地区一种重要的病毒性传染病。

任何品种和性别的鹅，对鸭瘟都有较高的易感性。在自然流行中，公鹅抵抗力较母鹅强，成年鹅尤其是产蛋母鹅发病和死亡较严重，而1月龄以下的雏鹅发病较少。鹅感染发病的多数是种鹅，少数是3~4月龄的肉用仔鹅，雏鹅未见发病。

鸭瘟的传染源主要是病鸭鹅、潜伏期的感染鸭鹅以及病愈不久的带毒鸭鹅（至少带毒3个月）。健康鹅与病鸭同群放牧能发生感染，病鹅排泄物污染的饲料、水源、用具、运输工具以及鹅舍周围的环境，都有可能造成鸭瘟的传播。某些野生水禽如野鸭和飞鸟，能感染和携带病毒，成为本病传染源或传染媒介。此外，某些吸血昆虫也可能传播本病。

鸭瘟主要通过消化道感染，也可通过呼吸道、交配和眼结膜感染，人工感染可以通过口服、滴鼻、泄殖腔接种、静脉注射、腹腔注射和肌内注射等途径。

（二）临床症状

本病一年四季均可发生，通常在盛夏和初秋流行严重，多发生在9~10月。一般在鸭发病1~2周后，鹅群内就有少数鹅开始发病。少数鹅发病后，通常在3~5天内遍及全群，整个流行过程持续2~6周。

病鹅病初精神不振，体温高达43℃以上，行动呆滞，羽毛松乱，食欲减少或停食，渴欲增加，两脚发软，常伏地不起，翅膀下垂，不愿下水，行动困难甚至伏地不愿移动，强行驱赶时，步态不稳或两翅扑地勉强挣扎而行，走不了几步即行倒地，以致完全不能站立。

病鹅眼睑水肿，眼周围的羽毛湿润，眼结膜充血、出血。多数病例自鼻孔流出大量浆液或黏液性分泌物，呼吸困难，常表现为头往上仰，咳嗽。部分病例的头、颈部水肿。病鹅排黄绿、灰绿或黄白色的稀便，粪中带血，常污染肛门周围羽毛。肛门水肿，泄殖腔黏膜充血、肿胀，严重者泄殖腔外翻。患病公鹅的阴茎不能收回。倒拎病鹅时，可从口中流出绿色发臭黏稠液体。一般出现症状后2~3天死亡，有的可持续更长时间。死前全身震颤，部分病鹅眼、鼻、口角出血，多数病鹅临死前从口中流出淡黄色有异臭味的混浊液体，死亡后将鹅倒提时，也可见到从口中流出绿色发臭的液体。成年病鹅多表现流泪腹泻、跛行及产蛋率下降等症状。

（三）病理剖检

病死鹅剖检，全身浆膜。黏膜、皮肤有出血斑块。眼睑肿胀、充血、出血，并有坏死灶。部分病例可见皮下组织炎性水肿。

明显的病变主要在消化系统，可见口腔内有黏液，在舌根、咽部和上腭及食管黏膜上有灰黄色假膜或出血斑，假膜脱落面留有溃疡；腺胃与肌胃交界处或肌胃与十二指肠交界处有出血带，肌胃角质膜下有充血、出血，有时可见溃疡；肠系膜有出血点或斑，整个肠黏膜呈弥漫性出血，尤以十二指肠和小肠呈严重的弥漫性充血、出血或急性卡他性炎症，小肠集合淋巴滤泡肿胀，或形成固膜性坏死，形似纽扣状；在各段小肠黏膜上常见有针尖至黄豆大小的坏死灶，刮除后可见溃疡。

其他器官的病变有心、肝、肾等实质脏器表面出现小点状淤血或出血，心内膜有出血点，有的心包内有少量淡黄色积液，肝表面常有大小和形状不一的灰色或白色坏死灶或出血点。脾不肿大，但呈斑驳状变性。法氏囊黏膜水肿，严重出血，外观呈紫红色，部分病例在囊腔内充满凝血块，慢性患者可出现坏死灶。

（四）诊断

据发病情况、临床症状、解剖病变及各项实验室检查结果即可诊断。

（五）治疗方法

（1）隔离病鹅，对鹅舍、运动场及其他用具可用 10％～20％石灰水或5％漂白粉溶液进行消毒。

（2）紧急免疫可采用鸭瘟弱毒冻干疫苗一次性肌注，剂量是种鹅 50个鹅免疫剂量，肉用鹅 30 日龄以下的 20～25 个鹅免疫剂量，30 日龄以上的 30～50 个鹅免疫剂量。

（六）防治措施

目前，该病尚无特殊的药物治疗，必须采用综合防治措施。

（1）严格执行卫生防疫制度，注意饲养场的卫生消毒工作，禁止鹅群与遭受感染的鸭群接触，以杜绝和减少传染来源。

（2）加强饲养管理，注意环境卫生，在日粮中注意添加多维素和矿物质，以增加机体的抗病力。

（3）发现病鹅应停止放牧，隔离饲养，以防止病毒传播扩散，并立即对鹅群紧急预防注射鸭瘟疫苗，做到注射一只鹅换一个针头。

三、鹅病毒肝炎

（一）发病原因

鹅病毒肝炎病原体与鸭病毒肝炎是同一种病毒（小 RNA 病毒），属肠道病毒属，可分 3 个类型。Ⅰ型又称"古典型"，特点是发病急，死亡率高达 80%～100%，还有变异株，危害极大；Ⅱ型为星状病毒，致病力比Ⅰ型弱；Ⅲ型没有变异株，致死率不高，一般为 30%左右。病毒能生长繁殖，阻滞胚胎发育，引起腿和腹部出现明显的水肿现象，并增殖病毒。在规模饲养场，孵化季节流行甚广，传播快。饲养管理不当、舍内潮湿、密度大、维生素缺乏可引发此病。主要传播途径是接触传染，潜伏期为 24 h，可通过呼吸道、空气、饲料、饮水传染。

（二）临床症状

本病潜伏期一般为 1～4 天，雏鹅发病常在 4～5 日龄后，急性的无任何症状突然死亡。病鹅最初症状是扎堆，精神不振，翅膀下垂呈昏睡状态。随后病鹅出现共济失调、阵发性、抽搐等神经症状，两脚痉挛性反复踢蹬，身体倒向一侧，头向后仰，有的打圈呈角弓反张姿势。十几分钟后死亡，死亡后喙端及爪尖淤血，呈暗紫色。部分病例死前排黄白色或绿色稀粪。

（三）病理剖检

本病主要病变部位在肝脏，肝脏肿大，质脆，外观表面有斑点状或片状出血或坏死灶，呈红黄色或土黄色。胆囊肿大，胆汁呈淡绿色，肾脏肿大呈路纹状充血。

(四)诊断

本病以突然发病、迅速传播和急性经过为特征,以肝脏肿大、质脆、出血、土黄色为主要剖检症状。取病灶研磨,加入抗生素,离心沉淀,取上清液,接种9日龄鹅胚4枚,72 h全部死亡,剖检肝脏仍有与病鹅同样的黄色坏死灶,即可诊断。诊断时应注意与黄曲霉中毒症相区别,后者虽也伴发共济失调、角弓反张等神经症状,但不会引起肝脏出血,而以呼吸系统病变为主。

(五)治疗方法

(1)彻底清刷料槽、水槽,喷雾消毒,病鹅用百毒杀消毒液(按1:2000比例)消毒。

(2)料中添加抗病毒药,每千克饲料投吗啉胍6片,复合维生素B 10片,肝太乐0.05×10片,维生素C 0.1×10片,5天为1个疗程。

(3)饮水中加药,利巴韦林5 g,氨苄青霉素5 g,加水50 kg饮用,每日2次,连用3天为1个疗程。初发时可注射孵黄抗体或高免血清。

(4)促进解毒、排毒,用速补20加10%口服葡萄糖,饮水每日2次,连饮7日。

(5)补充维生素C,提高抵抗力。在无口服葡萄糖情况下,用白糖0.5 kg加水5 kg,加维生素C 50 g,每日饮水2次,连饮5日为1个疗程,即可控制死亡。

(六)防治措施

本病主要通过消化道及呼吸道感染,所以消毒应从孵化开始,包括饲养场地、饲料、饮水、饲养工具、饲养人员、车辆等,都要在育雏前做好消毒、防护工作。可在出壳4~16 h内接种病毒肝炎疫苗;定期饮服消毒药,清除肠道病毒传播途径;入雏1周内喂1个疗程的肠道消炎药,如大肠杆菌杀星、氟本尼考制剂,并加入维生素C,提高抵抗力。做好饲养管理,减少冷刺激;喂1个疗程的抗病毒药,如中草药、利巴韦林等,防止早期感染。

四、流行性感冒

(一)发病原因

流行性感冒也叫"鹅渗出性败血病"。本病流行初期主要为幼鹅发病,因此也有人把它称为"小鹅流行性感冒"(简称"小鹅流感")。

本病病原为嗜血杆菌,属革兰染色阴性菌,仅感染鹅,不同日龄的鹅均可发生感染,临床上以1月龄的幼鹅最为易感,而且致病力强,对鹅、鸭、鸽、家兔均不致病。

(二)临床症状

本病潜伏期极短,感染后几小时即出现症状。

(1)特征性症状:发病后,轻症病鹅不饮不食,缩颈闭目。鼻腔流出多量浆液性鼻液,有泪水,呼吸困难,发出鼾声,甚至张口呼吸。病鹅为排除鼻液,强力摇头,将鼻液甩出或自身揩擦,头向后弯,身躯前部羽毛潮湿,或病鹅相互揩擦。重症者虽有少数不死的病鹅,但还会产生脚麻痹症,不能站立或行走,偶尔站起也立即翻倒,这种病鹅很难治愈。

(2)其他症状:本病常发生于春秋季节,发病鹅群不同,死亡率的差异也很大,轻症者很少死亡,感染严重的鹅群则全群覆灭,这可能与不同的饲养管理有关。饲养密度大,环境卫生差,鹅舍通风不良,往往是诱发本病的重要因素。本病的潜伏期为 9~24 h,传播速度较快,开始少数幼鹅发生,几天内可扩大到整群鹅,也可使成年鹅感染。一般在 2~4 周后才能停止蔓延。

(三)病理剖检

对病死鹅剖检,可见皮下、肌肉出血,肌肉干燥色淡;眼结膜粘连;鼻腔、气管附有大量半透明浆液性分泌物;肺脏充血,少数有出血性炎症;切面流出红色泡沫性液体;肺、气囊内有纤维素性渗出物;心内、外膜淤血或出血,呈现浆液性纤维性心包炎;肝、胆囊、脾、肾淤血肿大,脾表面有时可见粟粒大小灰白色坏死点,肝有脂肪性病变。

（四）诊断

根据流行特点，全身败血症状，纤维素性炎症与出血败血性病变，以及心脏出血，肝、脾、肾淤血或肿大及实验室检查可作出诊断。

（五）治疗方法

(1)用20％磺胺噻唑钠，每只肌注1～2 mL，每天2次，连用2～3天。

(2)青霉素和链霉素，每只肌注各3万～5万国际单位，每天2次，连用3天。

(3)氯霉素，每只鹅肌内注射12～15 mg，每天2次，一般4次即可治愈。

(4)复方新诺明，口服50～120 mg/千克体重，或在每千克饲料中加入复方新诺明1 g。

(5)吗啉胍，口服6～12 mg/千克体重，连续3天。

（六）防治措施

小鹅流行性感冒病程短，治疗效果不理想，所以应加强预防措施。

(1)加强饲养管理，重视饮食卫生，注意环境消毒，做好防寒保暖。

(2)鹅流感的死亡大小，除病毒强弱以外，与饲养管理有直接关系。因此在饲养管理中，重点是保温防潮。育雏最初1～15天内要求温度在27～28 ℃。以后逐渐降温，以每5天降低2 ℃为宜，直至降到常温。相对湿度应控制在65％左右。给足营养，最好饲喂配合饲料。

(3)药物预防，用磺胺嘧啶片第一次每只鹅口服1/2片(0.25 g)，以后每隔4 h喂1/4片，连喂3～4天。或在饲料中加0.5％磺胺嘧啶，连喂3～4天。

(4)种鹅群在产蛋前15天左右进行第1次免疫。免疫后2～3个月再次免疫。免疫种鹅群的雏鹅一般在2周龄内有保护作用，雏鹅应在2周时进行初次免疫，二免应在初免后2个月左右进行。未免疫种鹅群的雏鹅在非疫区的首免可在15～20日龄进行，疫区内雏鹅应提早免疫，可在10日龄以内进行，二免应在初免后2个月左右进行。

五、鹅副黏病毒病

(一)发病原因

本病对鹅危害较大,常引起大批死亡,尤其是雏鹅死亡率可达 95%以上,给养鹅业造成巨大的经济损失,是目前鹅病防治的重点。

鹅副黏病毒病是由副黏病毒感染而引起的鹅的一种急性传染病,一年四季均可发生,不同品种的鹅都可感染发病。鹅发病后,同群的鹅也可感染发病,但鸭不感染发病。本病主要通过消化道和呼吸道传播,病鹅的唾液、鼻液及被粪便沾污的饲料、饮水、垫料、用具和孵化器等均是重要的传染源。病鹅在咳嗽和打喷嚏时的飞沫内含有很多病毒,散布于空气中,易感鹅吸入之后就能发生感染,并从一个鹅群传到另一个鹅群。病鹅的尸体、内脏和下脚料及处理不当的羽毛也是重要的传染源。鹅副黏病毒还能通过鹅蛋垂直传播。此外,许多野生飞禽和哺乳动物也都携带本病毒。

(二)临床症状

各种年龄的鹅都易感,主要发生于 15～60 日龄的雏鹅。鹅龄越小,发病率和死亡率越高,病程短,康复少。通常 115 日龄以内雏鹅的死亡率可高达 90%以上。随着鹅群日龄的增长,发病率和死亡率也下降,部分病鹅可逐渐康复。产蛋种鹅除发病死亡,产蛋率明显下降。

自然感染病例潜伏期一般 3～5 天。病鹅表现为精神萎靡,流泪,有鼻液,粪便白色或青色水样,泻痢,食欲减少,饮欲增加,无力,常蹲地,有的单脚不时提起,体重减轻,继之眼结膜充血潮红;后期可出现头颈颤抖、扭颈、转圈、仰头等神经症状病例;10 日龄左右患病鹅有甩头、咳嗽等呼吸道症状。病鹅最后因衰竭死亡,病程 2～3 天至十余天不等。部分病鹅可逐渐康复,一般发病率为 16%～100%,平均为 23%,死亡率为 7%～91%。

(三)病理剖检

特征病变主要在消化道。食道内可见大量黄色液体,部分患鹅食道出血、坏死,食道黏膜特别是下端散有芝麻粒大小的灰白色或淡黄色易剥离的结痂,剥离后可见斑点或溃疡。部分病鹅腺胃黏膜水肿增厚,有粟粒样白色坏死灶,或黏膜表面出血、溃疡,形成白色结痂。肌胃黏膜下出血溃疡,特别是前半部的黏膜水肿,易剥离。肠道黏膜上有淡黄色或灰白色芝麻粒至小蚕豆粒大纤维素性坏死性结痂,剥离后呈枣核形、椭圆形出血性溃疡面。部分病例小肠黏膜有弥漫性针尖样出血点或出血条斑;盲肠、扁桃体肿大,明显出血,盲肠和直肠黏膜上也有同样的出血、坏死病变。肾脏略肿、色淡,输尿管扩张,充满白色尿酸盐结晶。

其他器官的变化为皮肤淤血;肝脏肿大、淤血、质地较硬,有数量不等、大小不一的坏死灶;脾脏肿大、淤血,有芝麻大的坏死灶;胰腺肿大,有灰白色坏死灶;心肌变性;脑充血、淤血。

(四)诊断

鹅副黏病毒病的诊断可以根据它的流行病学、临床症状和病理变化3个方面综合诊断。确诊时须用鹅胚进行病毒分离,用血凝试验和血凝抑制试验、中和试验、保护试验等血清学方法进行鉴定。

(五)治疗方法

对发病鹅群,可用鹅副黏病毒抗血清治疗,1～7日龄雏鹅1～1.5 mL/只,皮下注射。10日龄以上雏2.0 mg/千克体重,皮下注射,一般1次见效。重病者隔3天再注射1次。

(六)防治措施

1.隔离饲养

规模饲养一旦染病,传播迅速,损失极大,必须采取严格的隔离饲养措施。鹅场、鹅舍要选择远离交通要道、畜禽交易场所、屠场等易污染的地方,同时不要鹅、鹅一起饲养;场内生活办公区和饲养区要进行严格隔离。农村病死鹅等要深埋或焚烧,不可随意抛弃。实行全进全出制,避免不同日龄鹅混养,防止不同批次间的疫病传播。

2.严格消毒

鹅场无疫病时要定期消毒,发生疫病时要随时消毒。门口设置消毒池。育雏室在育雏前要用福尔马林熏蒸消毒,按每立方米空间福尔马林25 mL、高锰酸钾12.5 g、清水12.5 mL,密闭熏蒸24 h。对于孵化房,除平时严格消毒,在开孵前对用具、房舍等用福尔马林熏蒸,种蛋熏蒸20~30 min。孵化房、种蛋和育雏室消毒对防止早期感染十分重要。另外,要严禁在孵化房育雏。一些孵化房主将未能及时出售的苗鹅暂时饲养在孵化房,边养边卖,给疫病早期感染带来很大隐患。兽医卫生监督部门要切实加强孵化房消毒卫生工作的监督管理。

3.免疫接种

(1)种鹅免疫。留种时应进行1次免疫,产蛋前2周再进行1次灭活苗免疫,在第2次免疫后3个月左右进行第3次免疫。使鹅群在产蛋期均具有免疫力。

(2)雏鹅免疫。经免疫的种鹅产下母源抗体正常的雏鹅群在15天左右进行1次灭活菌初免,2个月后再进行1次免疫;无母源抗体的雏鹅(种鹅未经免疫)可根据本病的流行情况,在2~7日龄或10~15日龄进行1次免疫,在第1次免疫后2个月左右再免疫1次。

六、禽流感

(一)发病原因

禽流感全称为"禽流行性感冒",是由A型流感病毒引起多种家禽和野禽感染的一种传染性综合征。鹅、鸭、鹅等家禽以及野生禽类均可发生感染。在禽类,对鹅尤其是火鹅危害最为严重,常引起感染致病,甚至导致大批死亡,有的死亡率高达100%。鹅亦能感染致病或死亡。产蛋鹅感染后,可引起卵子变性,产蛋率下降,产生卵黄性腹膜炎和输卵管炎。世界上许多国家和地区都曾发生过本病的流行,给养禽业造成巨大的经济损失,是严重危害禽类的一种流行性病毒性疾病。

(二)临床症状

发病时鹅群中先有几只出现症状,1~2天后波及全群,病程3~15天。病仔鹅废食,离群,羽毛松乱,呼吸困难,眼眶湿润;下痢,粪便绿色,出现跛行、扭颈等神经症状;脚干脱水;头冠部、颈部明显肿胀;眼睑、结膜充血、出血(又叫"红眼病"),舌头出血。育成期鹅和种鹅也会感染,但其危害性要小一些。病鹅生长停滞,精神不振,嗜睡,肿头,眼眶湿润,眼睑充血或高度水肿向外突出,呈金鱼眼样子。病程长的仅表现出单侧或双侧眼睑结膜浑浊,不能康复。发病的种鹅产蛋率、受精率均急剧下降,畸形蛋增多。而产蛋母鹅主要表现为食欲缺乏,下痢,产蛋率下降。

(三)病理剖检

剖检可见病死鹅鼻腔和眼下窦充有浆液或黏液性分泌物。慢性病例的窦腔内有干酪样分泌物,鼻腔、喉头及气管部膜充血,气囊浑浊,轻度水肿,呈纤维素性气囊炎。剖检成年母鹅可见腺胃黏膜和肠系膜出血,卵子变性,卵膜充血、出血,严重的可见卵黄破裂,产生卵黄性腹膜炎,输卵管内有凝固的卵黄蛋白碎片。

(四)治疗方法

发病后的治疗措施为:

(1)注射高免血清。肌内或皮下注射禽流感高免血清,小鹅每只 2 mL、大鹅每只 4 mL,对发病初期的病鹅效果显著,见效快;高免蛋黄液效果也好,但见效稍慢。

(2)药物治疗。250 mg/kg 吗啉胍或利巴韦林、50 mg/L 金刚烷胺饮水,对控制死亡率有一定作用,需连续用药 5～7 天。为防止继发感染,抗病毒药要与其他抗菌药同时使用,若能配合使用解热镇痛药和维生素、电解质,效果更好。中药凉茶什四味加柴胡、黄芩、黄芪,煎水给鹅群饮用,对禽流感的预防和治疗有较好的效果。饮水前鹅群先停水 2 h,再把中药液投于饮水器中供饮用 6 h,每天 1 次,连用 3 天。病情较长时要在药方中加党参、白术。

(五)防治措施

平时加强幼鹅的饲养管理,注意鹅舍的通风、干燥度、温度、湿度以及鹅群饲养密度,以提高机体的抗病力。对于水面放养的鹅群,应注意防止和避免野生水禽污染水源而引起感染。免疫接种:雏鹅 14～21 日龄时,用 H_5N_1 亚型禽流感灭活疫苗进行初免,间隔 3～4 周,再用 H_5N_1 亚型禽流感灭活疫苗进行 1 次加强免疫;以后根据免疫抗体检测结果,每隔

4～6个月用 H_5N_1 亚型禽流感灭活疫苗免疫 1 次。商品肉鹅 7～10 日龄时,用 H_5N_1 亚型禽流感灭活疫苗进行 1 次免疫,第一次免疫后 3～4 周再用 H_5N_1 亚型禽流感灭活疫苗进行 1 次加强免疫。散养鹅春秋两季用 H_5N_1 亚型禽流感灭活疫苗各进行 1 次集中全面免疫,每月定期补免。

七、雏鹅新型病毒性肠炎

(一)发病原因

雏鹅新型病毒性肠炎是由雏鹅新型病毒性肠炎病毒感染引起的雏鹅的一种卡他性、出血性、纤维素性和坏死性肠炎,主要发生于 3～30 日龄的雏鹅。

(二)临床症状

该病自然感染潜伏期为 3～5 天,人工接种潜伏期大多为 2～3 天(85％),少数为 4～5 天。人工感染早期表现为鹅群不活跃,食欲不佳,精神萎靡不振,叫声不洪亮,羽毛松乱,两翅下垂,嗜睡,排稀粪。后期呼吸困难,食欲基本废绝,排水样稀粪,夹杂有黄色或黄白色黏液样物质,部分雏鹅排出的粪便呈暗红棕色。肛门周围的羽毛打湿,沾满粪便。病鹅行走摇晃或站立不稳,间歇性倒地抽搐,两脚朝天乱划,最后消瘦、极度衰竭,昏睡而死,死亡鹅多呈角弓反张状。患病鹅生长迟缓,体重比正常对照组要轻一半左右。雏鹅感染后第 4 天开始出现死亡,第 11～18 天为死亡高峰期,至 25 天全部死亡。

自然病例通常可以分最急性、急性和慢性型。

(1)最急性型病例多发生在 3～7 日龄雏鹅,常常没有前驱症状,一旦出现症状即极度衰弱,昏睡而死或临死前倒地乱划,迅速死亡,病程几小时至 1 天。

(2)急性型病例多发生在 8～15 日龄,表现为精神沉郁,食欲减退。随群采食时往往将所啄之草丢弃。随着病程的发展,病鹅掉群,行动迟缓,嗜睡,不采食,但饮水似不减少。病鹅出现腹泻,排出淡黄绿色、灰白色或蛋清一样的稀粪,常混有气泡,恶臭。病鹅呼吸吃力,鼻孔流出少量浆液性分泌物,喙端及边缘色泽变暗。临死前两腿麻痹不能站立,以喙触地,昏睡而死,临死前出现抽搐,病程3~5天。

(3)慢性型病例多发生于15日龄以后的雏鹅,临床症状主要表现为精神萎靡、消瘦、间歇性腹泻,最后因消瘦、营养不良和衰竭而死。部分病例能够幸存,但生长发育不良。

(三)病理剖检

本病的主要病变在肠道,并且具有特征性。日龄小、死亡较快的,主要病变为各小肠段严重出血,黏膜肿胀,肠道内有大量黏液。病程稍长的、死亡的雏鹅各小肠段严重出血,黏膜表面可见少量黄白色凝固的纤维素性渗出物,并有少量片状坏死物。后期死亡或病程更长的,死亡鹅小肠后段开始出现包裹有淡黄色假膜的凝固性栓子。没有栓子的小肠段严重出血,黏膜面呈红色。

除小肠的病变,早期死亡的雏鹅盲肠与直肠出现肿胀、充血,管腔内有较多的黏液,泄殖腔充满稀薄的黄白色内容物。雏鹅呈现皮下充血、出血;胸肌和腿肌呈暗红色;肝脏淤血呈暗红色有出血点或出血斑;胆囊胀大,较正常大3~5倍,胆汁呈深墨绿色;肾脏充血,外观呈暗红色;心肌松弛、局部充血和脂肪变性。其他组织器官无明显异常。后期死亡的鹅或病程长者,除肝脏淤血呈暗红色和肾脏轻度充血、出血之外,其他器官无明显异常。急性死亡鹅的尸体脱水明显。

(四)诊断

本病极易和小鹅瘟混淆,因此需注意从流行病学、临床症状和病理变化仔细区分。确诊本病必须通过实验室诊断。实验室诊断主要是对病料进行病毒分离和培养,并通过中和试验、琼脂扩散试验等血清学检验方法进行诊断。

(五)治疗方法

对发病的雏鹅群,使用雏鹅新型毒性肠炎高免血清或雏鹅新型病毒性肠炎-小鹅瘟二联高免血清皮下注射1.0~1.5 mL/只,治愈率可达60%~100%。在治疗过程中,肠道往往发生其他细菌感染,故在使用血清进行治疗时,可适当配合使用其他广谱抗生素、电解质、维生素 C、维生素 K$_3$ 等药物,以辅助治疗,可获得良好的效果。

(六)防治措施

预防本病的关键措施是不从病疫区引进种鹅。在疫区对鹅群进行免疫预防。

1. 种鹅免疫

在种鹅开产前使用雏鹅新型病毒性肠炎-小鹅瘟二联弱毒疫苗进行免疫,间隔 7~14 天进行第 2 次免疫。

2. 雏鹅免疫

在雏鹅 1 日龄时,使用雏鹅新型病毒性肠炎弱毒疫苗口服进行免疫,3 天即可产生部分免疫力,5 天可产生 100% 免疫保护。

3. 高免血清防控

对出壳 1 日龄雏鹅,使用雏鹅新型毒性肠炎高免血清或雏鹅新型病毒性肠炎-小鹅瘟二联高免血清皮下注射 0.5 mL,即可预防该病的发生。

八、鹅巴氏杆菌病

(一)发病原因

鹅巴氏杆菌病也称"霍乱""摇头瘟"等,是由禽巴氏杆菌引起的一种败血性传染病。鹅对巴氏杆菌的易感性尽管没有鸭高,但各种年龄的鹅都可感染,以雏鹅、仔鹅和产蛋期种鹅为多见。本病一年四季都能发病,但以冷热交替、气候突变、闷热、多雨的季节发生较多,长途运输、饲养密度过大、营养不良等都可促进本病的发生。成年鹅群中发生本病时常呈散发性,雏鹅、仔鹅中可暴发,并且有较高的发病率和死亡率。

病鹅、带菌鹅和周围其他带菌家禽或野禽是本病的主要传染源。由于巴氏杆菌为呼吸道常在性细菌,鹅发生该病常常没有明显的传染源,而是与自身的抵抗力下降有关,如饲养管理不良、营养缺乏、长途运输、天气骤变、禽舍阴暗潮湿、通风不良和寄生虫病等都会促进本病的发生和流行。鹅或其他禽发病后,可通过排泄物和分泌物排菌污染饲料、饮水、饲养管理用具、禽舍和饲养人员等,从而造成本病的传播。此外,苍蝇、蜱和螨等昆虫,也是传播本病的媒介。

本病一般经由消化道和呼吸道传染。另外,皮肤伤口也是传染途径。

(二)临床症状

依据鹅体抵抗力和病菌致病力的强弱及流行期而表现出的病状有差异。一般可分最急性、急性和慢性3种。最急性在死亡前无明显症状,突然死亡。急性表现为精神萎靡,体温升高,食欲废绝,口鼻常流出白色黏液或泡沫,排出绿色或灰黄色稀便,有时带血,病后1~2天死亡,传染快,死亡率在50%~80%。慢性常见于流行后期,由急性转来,死亡率较低,主要表现为腹泻、消瘦、关节炎和跛行等。

(三)病理剖检

最急性者因突然死亡,常无明显病变。急性者其特征性病变是:肝脏布满灰黄色坏死点,形状如针头;胸腹腔的浆膜和黏膜有出血点和出血斑,心外膜及小肠黏膜较严重;心包积水,肺充血及水肿。慢性者鼻腔和上呼吸道有黏稠的分泌物或纤维素凝块。

(四)诊断

根据流行病学、症状、病变可作出初步诊断。确诊可采取心血涂片或内脏的器官组织触片,用亚甲蓝染色或革兰染色后镜检观察细菌的形态。

(五)治疗方法

(1)磺胺类药物。磺胺嘧啶、磺胺二甲嘧啶、磺胺异恶唑,按0.4%~0.5%混于饲料中喂服,或用钠盐配成0.1%~0.2%水溶液饮服,连喂3~5天。磺胺二甲氧嘧啶、磺胺喹恶唑,按0.05%~0.1%混于饲料中喂服。

(2)抗生素。成年鹅每只肌内注射10万单位青霉素或链霉素,每日2次,连用3~4天。用青霉素、链霉素同时治疗,效果更佳。土霉素按每千克体重40 mg或氯霉素20 mg给病鹅口服或肌内注射,每天2~3次,连用 1～2 天。大群治疗时,用土霉素按 0.05％～0.1％混于饲料或饮水中,连用 3～4 天。

(3)喹乙醇。按每千克体重 20～30 mg 拌料喂用 3～5 天,疗效良好。

(六)防治措施

1.加强科学饲养管理

在饲养管理的过程中,要重视鹅的营养,搞好环境卫生,保持鹅的活动场所干燥、通风、光线充足,并要有足够的锻炼,提高鹅的体质,增强抵抗力。同时,严禁在鹅舍及鹅的活动场所附近宰杀病禽,严防污染环境,传播疾病。另外还要防止家禽混养,以免相互感染。在饲养管理过程中,应坚持定期检疫,及早发现,采取措施,减少损失。

2.免疫预防

(1)大群养鹅多采用饮水免疫。免疫前 3～5 天停止使用一切抗生素和其他抗菌药,免疫当天或前 2 天晚上停止饮水和多汁饲料,使鹅群处于半饥渴状态。选用 1010 禽霍乱弱毒菌苗,按使用说明书的规定及鹅只的数量计算菌苗的用量,用井水稀释(不能用自来水,因其中有漂白粉,有杀菌作用),充分搅匀后倒入饮水槽中。多设几个饮水点,以保证每只鹅饮足菌量。也可以在饮水中加入适量的玉米粉或麦麸拌成稀粥状,让鹅自由食入,最好在 2 h 内吃完。第 1 次免疫后 4～5 天,按上述方法再进行第 2 次免疫,3 天后即可产生免疫力,免疫期为 8 个月。免疫前对鹅群进行一次检查,有病状的鹅不宜进行免疫。

(2)30 日龄左右肌注禽霍乱疫苗,免疫期为 5～6 个月。

3.药物防治

(1)磺胺嘧啶或复方新诺明按 0.5％混入饲料中喂服,或土霉素按 2％混入水中饮用。

(2)土霉素每千克饲料中加入 2 g,拌匀饲喂,仔鹅药量酌情减少。

(3)敌菌净按 0.02％拌入料中饲喂,连用 7 天。

(4)诺氟沙星,每千克饲料中添加 0.2 g,充分混匀,连喂 7 天。仔鹅药量酌情减少。

（5）环丙沙星，每升饮水中添加 0.05 g，连喂 7 天。

（6）青霉素，成年鹅每只 5 万～8 万单位，一日 2～3 次，肌内注射，连用 4～5 天。仔鹅药量酌情减少。

（7）链霉素，每只成年鹅肌内注射 10 万单位，每天 1 次，连用 2～3 天。

（8）氯霉素，每千克体重 50 mg，内服，一日 1 次，连用 2 天。仔鹅药量酌情减少。

九、鹅曲霉菌病

（一）发病原因

曲霉菌病又叫"曲霉菌性肺炎"，是由曲霉菌感染引起的多种禽类的一种常见传染性疾病。本病的发生有一定的季节性，主要多见于南方温暖、多雨潮湿的季节。

本菌可感染多种禽类，鹅、火鸡、鸭、孔雀、鹌鹑均可自然感染发病。雏鹅最易感染，常呈急性暴发，成年鹅常个别发生。出壳后的雏鹅进入被曲霉菌污染的育雏室后，48 h 左右即可有病雏出现并开始死亡；4～12 日龄是流行高峰期，以后逐渐降低，至 30 日龄基本停止死亡。如果饲养管理条件不好，则疫情可延续到 60 日龄。

本病主要是经呼吸道吸入霉菌孢子感染，经消化道、眼结膜、伤口也可感染。污染的木屑、稻草等垫料，发霉的饲料，是引起本病的主要传播媒介。育雏期饲养管理差，室内温差大，通风换气不良，过分拥挤，阴暗潮湿，营养不良及患某些疾病，可促进本病的发生和死亡。

（二）临床症状

急性者可见病雏呈抑制状态，多卧伏，拒食，对外界反应淡漠。病程稍长者，病鹅呼吸困难，呼吸次数增加，张口吸气时常见颈部气囊明显胀大，一起一伏，吸时如同打哈欠或打喷嚏样。当气囊破裂时，呼吸时发出"嘎嘎"声。有时闭眼伸颈，体温升高，渴欲增加，眼、鼻流液，有甩鼻涕现象，迅速消瘦。后期出现腹泻，吞咽困难，终因麻痹而死。病程一般在

1周左右,死亡率可达50%,如果并发其他疾病则死亡率更高,有的甚至全群覆灭。一般来说,随鹅的日龄增大,发病率和死亡率降低。

有些日龄较大的鹅,常发生霉菌性眼炎,其特征是眼睑黏合而失明,当眼分泌物积聚多时,使眼睑发胀。

(三)病理剖检

本病的病变主要表现为肺和气囊的炎症,有时鼻腔、喉部、气管和支气管也发生炎症。典型的病例可在肺脏和气囊可见针尖大到粟粒大的呈灰白色或黄白色的结节,有时结节可以互相融合成大的团块。结节质软,富有弹性或如软骨状,切面中心呈均质干酪样的坏死组织,周围的充血区不整齐。有些急性病例,肺部出现局灶性或弥漫性肺炎,肺组织病变,部分肺泡气肿。上呼吸道有损害时,有淡黄色或淡灰色渗出物。有时在胸膜、腹膜、肝表面、肠浆膜上也有肉眼可见的成团霉菌斑。

脑炎性霉曲病可见一侧或双侧大脑半球坏死,组织软化,呈淡黄或淡棕色。

(四)诊断

根据症状、流行病学情况、剖检病变,以及了解有无发霉的垫料和饲料可作出初步诊断。确诊需查到霉菌,取病变结节或病斑,在显微镜下看到菌丝或培养出丝绒状菌落。

(五)治疗方法

(1)本病无特效治疗药物,制霉菌素用量为每100只雏禽用50万单位(1片),混饲内服,连用3天,停药2天,连续2~3个疗程,同时,以1∶3000的硫酸铜溶液饮水,连用3~5天。

(2)饲料中添加制霉菌素,按每千克加入50万单位,健雏减半,连用5天。

(3)碘制剂用量为每升水中加入碘化钾5~10 g,给雏鹅饮用;成鹅可用碘1 g、碘化钾1.5 g加蒸馏水1500 mL,溶解后采用气管内或咽喉内注射,每只4~5 mL,当日配制,当日使用,用时加热至25 ℃,一次注射即可。

（六）防治措施

（1）育雏鹅时，要重点解决好温度与通风、干燥与湿度的矛盾。既要保证育雏需要的温度，又要保持空气新鲜；既要保证合适的相对湿度，又要使鹅舍保持相对清洁干燥。

（2）平时特别是霉菌病好发季节，要注意对垫草和室内环境进行定期消毒，以杀灭霉菌及其孢子。垫草消毒可用 2% 甲酚皂、1∶2000 硫酸铜溶液或 1∶1600 的百毒杀等喷雾散，维持 3 h 之后晒干备用。其中，以 1∶2000 硫酸铜溶液为好，高效低毒。室内环境定期消毒可用 1∶2000 硫酸铜溶液，或用 1∶1600 百毒杀喷雾，或用福尔马林熏蒸。保持鹅舍的清洁卫生，通风干燥。垫料要经常翻晒，发现发霉时，育雏室应彻底清扫、消毒，然后再换上干净的垫草。

十、鹅大肠杆菌病

（一）发病原因

鹅的大肠杆菌病俗称"蛋子瘟"，是由几个不同血清型致病性大肠杆菌所致的产蛋鹅生殖器官疾病，主要发生于成鹅，但近年来育成鹅也时有发生。本病的特征是输卵管感染发炎，卵黄破裂，卵子变形、变性，最后发展为弥漫性卵黄性腹膜炎。

（二）流行特点

本病的发生与不良的饲养管理有密切关系，天气寒冷、气温骤变、青饲料不足、维生素 A 缺乏、鹅群过度拥挤、闷热、长途运输等因素，均能促进本病的发生和传播。主要经消化道感染，雏鹅发病常与种蛋污染有关。成年母鹅群感染发病时，一般是产蛋初期零星发生，至产蛋高峰期发病最多，产蛋停止后本病也停止发生。流行期间常造成多数病鹅死亡。公鹅感染后，虽很少出现死亡，但可通过配种而传播本病。

（三）临床症状

（1）急性败血型。各种年龄的鹅都可发生，但以 7～45 日龄的鹅较易感。病鹅精神沉郁，羽毛松乱，怕冷，常挤成一堆，不断尖叫，体温升高，比正常鹅高1～2℃。粪便稀薄而恶臭,混有血丝、血块和气泡,肛周沾满粪便,食欲废绝,渴欲增加,呼吸困难,最后衰竭窒息而死亡,死亡率较高。

(2)母鹅大肠杆菌性生殖器官病。在产蛋后不久,部分产蛋母鹅表现精神不振,食欲减退,不愿走动,喜卧,常在水面漂浮或离群独处,气喘,站立不稳,头向下弯曲,嘴触地,腹部膨大,排黄白色稀便,肛门周围沾有污秽发臭的排泄物,其中混有蛋清、凝固的蛋白或卵黄小块。病鹅眼球下陷,喙、蹼干燥,消瘦,呈现脱水症状,最后因衰竭而死亡。即使有少数鹅能自然康复,也不能恢复产蛋。

(3)公鹅大肠杆菌性生殖器官病。主要表现阴茎红肿、溃疡或结节。病情严重的,阴茎表面布满绿豆粒大小的坏死灶,剥去痂块即露出溃疡灶,阴茎无法收回,丧失交配能力。

(四)病理剖检

败血型病例主要表现为纤维素性心包炎、气囊炎、肝周炎。成年母鹅的特征性病变为卵黄性腹膜炎,腹腔内有少量淡黄色腥臭浑浊的液体,常混有损坏的卵黄,各内脏表面覆盖有淡黄色凝固的纤维素渗出物,肠系膜互相粘连,肠浆膜上有小出血点。公鹅的病变仅局限于外生殖器,阴茎红肿,上有坏死灶和结痂。

(五)治疗方法

发病鹅群采用药物治疗效果较好。用0.04%浓度的呋喃唑酮拌料饲喂,连续3～4天,可使大部分轻病母鹅恢复,或使用阿米卡星或氟苯尼考8～10 g/100 kg混饮4～5天。但大肠杆菌的耐药性非常强,因此应根据药敏试验结果,选用敏感药物进行治疗和预防。

(六)防治措施

(1)注意保持鹅舍的清洁卫生、通风良好、密度适宜,加强饲养管理和消毒等。对公鹅生殖器官逐只检查,发现有病变的公鹅应立即剔除淘汰,以防止传播本病。

(2)免疫接种。在本病流行的地区,可采用鹅蛋子瘟氢氧化铝灭活菌苗预防接种,在开产前1个月,每只成年公母鹅每次胸肌注射1 mL,每年 1 次。

十一、鹅球虫病

(一)发病原因

鹅球虫病是危害幼鹅的一种寄生虫病,主要发生于幼鹅,发病日龄愈小,死亡率愈高,能耐过的病鹅往往发育不良、生长受阻,对养鹅业危害极大。已报道的鹅球虫有 15 种,寄生于鹅肾脏的截形艾美耳球虫致病力最强,常呈急性经过,死亡率较高;其余 14 种球虫均寄生于鹅的肠道,其中以鹅艾美耳球虫致病性最强,可引起严重发病。国内暴发的鹅球虫病是肠道球虫病,常引起血性肠炎,导致雏鹅大批死亡,多是以鹅艾美耳球虫为主,由数种肠球虫混合感染致病。

本病的发生与季节有一定的关系,鹅肠球虫病大多发生在 5~8 月温暖潮湿的多雨季节。不同日龄的鹅均可发生感染,日龄较大的以及成年鹅的感染常呈慢性或良性经过,成为带虫者和传染源。

(二)临床症状

患肾球虫病的幼鹅表现为精神萎靡,极度衰弱,消瘦,反应迟钝,眼球下陷,翅膀下垂,食欲缺乏或废绝,腹泻,粪便呈稀白色,常衰竭而死。

患肠球虫病的幼鹅精神萎靡,缩头垂翅,食欲减少或废绝,喜卧,不愿活动,常落群,渴欲增强,饮水后频频甩头,腹泻,排棕色、红色或暗红色带有黏液的稀粪,有的患鹅粪便全为血凝块,肛门周围的羽毛沾污红色或棕色排泄物,常在发病后 1~2 天内死亡。

(三)病理剖检

肾球虫引起的病变主要在肾脏可见肾脏肿大,呈淡灰黑色或红色,表面有出血斑和针尖大小的灰白色病灶和条纹,肾小管充满尿酸盐的球虫卵囊。患肠球虫的病死鹅可见小肠肠管明显增粗,小肠黏膜点状或弥漫性出血,肠腔充满红褐色液体及脱落的肠黏膜碎片,肠黏膜粗糙。病程稍长的病死鹅可见肠道黏膜有红白相间的出血小点和坏死小点。肝脏常肿大,有的色深,胆囊充盈,有的胰腺亦肿大、充血、腔上囊水肿、黏膜充血。

（四）诊断

鹅的带虫现象极为普遍，所以不能仅根据粪便中有无卵囊作出诊断，应根据临诊症状、流行病学资料和病理变化，结合病原检查综合判断。

（五）治疗方法

在球虫病流行季节，地面饲养达到12日龄的雏鹅可将下列药物的任何1种混于饲料中喂服，均有良效。

（1）磺胺间六甲氧嘧啶（SMM）按0.1%混于饲料中，或复方磺胺间六甲氧嘧啶（SMM＋TMP，以5∶1比例）按0.02%～0.04%混于饲料中，连喂5天，停3天，再喂5天。

（2）磺胺甲基异恶唑（SMZ）按0.1%混于饲料中，或复方磺胺甲基异恶唑（SMZ＋TMP，以5∶1比例）按0.02%～0.04%混于饲料中，连喂7天，停3天，再喂3天。

（3）氯苯胍按每100 kg饲料拌4 g的用量，连用5天，停药3～4天，再进行1个疗程。可同时在饲料中拌入酵母、鱼肝油和多维片等作为辅助治疗。

（4）可爱丹或克球灵按0.02%～0.04%均匀拌饲料饲喂。

（5）5%球安按每千克饲料均匀拌0.15～0.25 g的用量，连用3天。

（6）杀球净饮水，每包50 g，加水50 kg，自由饮用，也可拌入饲料，每包拌饲料40 kg饲喂。

（六）防治措施

（1）预防鹅球虫病的可靠办法是搞好鹅的粪便处理和鹅舍的环境卫生。应加强饲养管理，及时清除粪便，更换垫料，保持鹅舍清洁卫生、干燥。粪便要用生物热发酵消毒，以杀灭粪便中的球虫卵囊。禁止将雏鹅与成鹅混群饲养，以防带虫成鹅感染雏鹅。在球虫病高发季节，还可以在饲料中加入抗球虫药物进行预防。

（2）对于球虫病感染鹅群，应及时隔离病鹅，对鹅舍和用具等进行彻底消毒,并及时使用抗球虫药物进行治疗。对病情严重的鹅群还应采取一些必要的辅助治疗措施,如喂服维生素 K 止血,使用抗生素防止继发感染等。

(3)药物除虫。

①氯苯肌。按 30 mL/L 混入饲料中服用,连用 4~6 天,可以预防本病暴发。

②球虫净或球痢灵。均按 125 mL/L 浓度混入饲料,连续用药 30~45 天。

③磺胺间甲氧嘧啶。按 0.1%或 0.02%复方新诺明混入饲料,连用 4~5 天。

(4)应注意的是,球虫对抗球虫药容易产生抗药性,所以在同一养殖场,最好要经常改变药物种类,不要长期使用同一种抗球虫药,特别是当发现治疗效果下降时应及时更换。

十二、鹅的钙、磷代谢紊乱症

(一)发病原因

钙、磷参与禽骨骼和蛋壳的构成,并具有维持体液酸碱平衡及神经肌肉兴奋性、构成生物膜结构、促进血液凝固等多种功能。饲料中的钙、磷总量不足,钙、磷的比例不当,维生素 D 缺乏等都有可能造成鹅发生钙、磷代谢紊乱性疾病。临床上以雏鹅佝偻病、成年鹅软骨病、种鹅产软壳蛋及薄壳蛋等为特征,可造成很大的经济损失。鹅发生钙、磷代谢紊乱症主要与以下因素有关。

(1)所有引起机体维生素 D 缺乏的原因也都是鹅发生钙、磷代谢紊乱的原因。

(2)饲料中的钙、磷总量不足或钙、磷比例失当。鹅对钙、磷需求量大,一旦饲料中的钙、磷总量不足则必然引起代谢的紊乱。另外,合理的钙、磷比例有利于双方作用的发挥,任何一方的不足或过多都会影响到另一方的吸收及功能发挥,引起代谢紊乱,合理的钙磷比例一般为 2:1,产蛋期为(5~6):1。

（3）饲料矿物质比例不合理或有其他影响钙、磷吸收的成分存在。许多二价金属元素间存在拮抗作用，如饲料中锰、铜、锌、铁等过高，可抑制钙的吸收；饲料中的草酸盐、植酸盐、高氟等可以作为拮抗因子影响钙的吸收和骨的代谢。

（4）维生素 A、维生素 C 缺乏及某些疾病都会影响钙、磷的代谢。

（二）临床症状

不同日龄的鹅发生钙、磷代谢紊乱所表现的症状有所不同。

雏鹅发生钙、磷代谢紊乱主要表现为佝偻病，常发生于 2 月龄以下的雏鹅。病雏生长缓慢，羽毛生长不良；喙和爪柔软易弯曲并影响采食，但食欲常正常；脚虚弱无力，常蹲伏，以跗关节着地，需拍动双翅移动身体；有的有异食行为，有的出现强直性痉挛症状。死亡率较高。

成年鹅发生本病以软骨病为特征。病鹅腿软无力，趾骨、喙变软，行走时一条腿向前进而另一条负重的腿脚呈明显的弓弧状；常蹲伏于地，用尾辅助两腿，呈三角负重，易骨折。

产蛋母鹅易在产蛋高峰期发病，初期产薄壳蛋、软壳蛋，破损率高，产蛋量急剧下降，蛋的孵化率也显著降低，早期胚胎死亡增多。

（三）病理剖检

剖检可见龙骨变软或弯曲，长骨变形、质变软；飞节肿大，肋骨与肋软骨的结合部可出现明显球形肿大，排列成"串珠"状；甲状腺肿大，肾脏有慢性病变。

成年鹅骨变形，骨表面粗糙不平，骨质疏松，容易折断（尤其是椎骨、胫骨和股骨）。

胚胎四肢弯曲，腿短，多数死胚皮下水肿、肾肿大。

（四）诊断

血清碱性磷酸酶活性及游离羟脯氨酸含量（疾病时升高），血液中钙、磷的浓度和血液中维生素 D 含量（疾病时可能下降）等综合指标都可以用来判断，并可以用于本病的早期诊断或监测预防。

(五)治疗方法

对发病鹅群,应根据具体发病原因采取相应的措施。因钙、磷含量不足或比例不当引起的,应通过补充骨粉、石粉、硫酸氢钙等迅速恢复钙、磷总量,调整钙、磷比。钙不足的也可使用维丁胶性钙注射液,雏鹅每只 0.5 mL,成禽每只 1~2 mL,连用 2~3 天,并配合维生素 D 治疗(喂鱼肝油或注射维生素 D_3)。

(六)防治措施

应按饲养标准合理搭配的日粮,供给鹅营养平衡的日粮,有条件的应多让鹅接受日光照射,日粮中钙、磷和维生素 D 的含量要充足,而且钙、磷比例适当。

十三、鹅中暑

(一)发病原因

中暑是动物热射病和日射病的总称,鹅的中暑则又称"热衰竭症"。鹅缺乏汗腺,其散热只能靠张口呼吸和两翅放松实现,再加上其羽毛致密,因此对高温、高湿特别敏感,易发生中暑,雏鹅更易发生。热射病主要发生在炎热的夏季,鹅舍因缺乏通风降温设施,通风不良,密度过大,长途驱赶,再加上饮水不足等情况,极易发生中暑。另外,育雏期雏舍加温过高也可能导致中暑发生。它们的结果是使得禽体内积热过多,引起新陈代谢旺盛,电解质失衡,酸中毒,中枢神经功能紊乱。

(二)临床症状

热射病鹅常有张口呼吸、呼吸迫促、翅膀松展、体温升高、口渴、卧地不起、昏迷、惊厥等症状表现,可引起死亡。日射病鹅的临床表现以神经症状为主,病禽烦躁不安、痉挛、颤抖,有的乱蹦乱跳、打滚,体温升高,最后昏迷,死亡。

(三)诊断

根据天气、气温及临床症状即可诊断。

(四)治疗方法

发生中暑后,有条件的应立即将鹅群赶下深水塘或转移到有阴凉的通风处。舍饲的应加强舍内通风,地面放冰块或泼深井水降温,并向鹅体表洒水。可给鹅服十滴水(稀释5~10倍,每只1 mL)或仁丹丸(每只1颗),也可用白头翁50 g、绿豆25 g、甘草25 g、红糖100 g煮水喂服或拌料饲喂100雏(成禽加倍)。有明显神经症状的可用2.5%氯丙嗪0.5~1.0 mL肌注或口服三溴合剂(每次1 g)镇静。

(五)防治措施

在高温季节,应保持环境的通风良好,降低饲养密度,保证饮水充足。鹅舍温度过高时可使用电风扇扇风,向鹅体羽毛和地面浇水以降温。放牧饲养的应避开中午并尽可能在有树阴和充足水源的地方放牧,经常让鹅沐冷水浴降温。

十四、异食癖

(一)发病原因

鹅异食癖也称"恶食癖""啄癖",是鹅的一种因多种原因引起的代谢功能紊乱性综合征,表现为摄食通常认为无营养价值或根本不应该吃的东西,如食羽、食蛋、食粪等。

鹅异食癖的原因非常复杂,常常找不到确定的原因,被认为是综合性因素的结果。

(1)日粮营养成分缺乏、不足或比例失调。日粮中蛋白质和某些必需氨基酸(赖氨酸、蛋氨酸、色氨酸等)缺乏或不足;日粮缺乏某些矿物质或矿物质不平衡,如钠、钙、磷、硫、锌、锰、铜等,尤其钠、锌等缺乏可引起味觉异常,引起异食;饲料中某些维生素的缺乏与不足,尤其是维生素A、维生素D及B族维生素缺乏(如维生素B_{12}、叶酸等的缺乏可导致异食食癖)。

(2)饲养管理不当,如密度过高,光线过强,噪声过大,环境温度、湿度过高或过低,混群饲养,外伤,过于饥饿等。

（3）继发于一些慢性消耗性疾病（如寄生虫病）或其他疾病（如泄殖腔炎、脱肛、长期腹泻等）。

（二）临床症状

异食癖发生的类型不同，其表现也不一样。食肛则肛门周围破裂、流血，严重的肠道或子宫也可被拖出肛门外，可引起死亡；食羽则背部常无毛，有的留有羽根，皮肤出血破损。另有表现为啄食蛋，啄食地面水泥、墙上石灰，啄食粪便等嗜好的。啄癖往往首先在个别鹅上发生，以后迅速蔓延。

（三）诊断

根据临床表现即可诊断。

（四）治疗方法

发现啄癖后，首先隔离"发起者"和"受害者"，采取综合分析的办法尽快找出原因，采取缺什么补什么的措施。如啄羽癖可增加蛋白质的喂量，增喂含硫氨基酸、维生素、石膏等。啄蛋癖者若以食蛋壳为主，要增加钙和维生素 D；若以食蛋清为主，要增加蛋白质；若蛋壳和蛋清均食，同时添加蛋白质、钙和维生素 D。对一时难以发现原因的，可采用 2% 氯化钠饮水，每日半天，连用 2～3 天；饲料中添加生石膏粉。每天每只雏 0.5～3 g，连用 3～4 天；饲料中添加 1% 小苏打，连用 3～5 天。

（五）防治措施

加强饲养管理，使用全价日粮，保证良好的环境条件，加强通风，降低育雏舍湿度，较高的湿度是诱发雏鹅啄羽（啄背部羽毛）的主要原因。应注意纠正不合理的饲养管理方法，积极治疗某些原发性疾病。

十五、痛风

（一）发病原因

痛风是由于鹅体内蛋白质代谢发生障碍所引起的一种内科病，其主要病理特征为关节或内脏器官及其他间质组织蓄积大量的尿酸盐。本病多发生于缺乏青绿饲料的寒冬和早春季节。不同品种和日龄的鹅均可发生,临床上多见于幼龄鹅。鹅患病后引起食欲缺乏、消瘦,严重的常导致死亡,是危害鹅业生产的一种重要的营养代谢疾病。

本病发生的原因主要与饲料和肾脏机能障碍有关。

(1)饲喂过量的蛋白质饲料,尤其是富含核蛋白和嘌呤碱的饲料。常见的包括大豆粉、鱼粉等以及菠菜、甘蓝等植物。

(2)肾脏机能不全或功能障碍。幼鹅的肾脏功能不全,饲喂过量的蛋白质饲料不仅不能被机体吸收,相反会加重肾脏负担,破坏肾脏功能,导致本病的发生。而临床所见的青年鹅、成年鹅病例,多与过量使用损害肾脏机能的抗菌药物(如磺胺类药物等)有关。

(3)缺乏充足的维生素,如饲料中缺少维生素 A 也会促进本病的发生。

此外,鹅舍潮湿、通风不良、食管道炎症都是本病的诱发因素。

(二)临床症状

缺乏光照以及各种疾病引起的肠尿酸盐沉积的部位不同,可分内脏型痛风和关节型痛风。

1.内脏型痛风

内脏型痛风主要见于 1 周龄以内的幼鹅。患病鹅精神委顿,常食欲废绝,两肢无力,行走摇晃、衰弱,常在 1~2 天内死亡。青年或成年鹅患病,常精神、食欲下降,病初口渴,继而食欲废绝,形体瘦弱,行走无力,排稀白色或黏稠状含有大量尿酸盐的粪便,逐渐衰竭死亡,病程 3~7 天。有时成年鹅在捕捉中也会突然死亡,多因心包膜和心肌上有大量的尿酸盐沉着,影响心脏收缩而导致急性心力衰竭。

2.关节型痛风

关节型痛风主要见于青年或成年鹅。患病鹅病肢关节肿大,触之较硬实,常跛行,有时见两肢的关节均出现肿胀,严重者瘫痪,其他临床表现与内脏型痛风病例相同,病程为 7~10 天,有时临床上也会出现混合型病例。

(三)病理剖检

所有死亡病例均见皮肤、脚趾干燥。内脏型病例剖检可见内脏器官表面沉积大量的尿酸盐，如一层重霜，尤其心包膜沉积最严重，心包膜增厚，附着在心肌上，与之粘连，心肌表面亦有尿酸盐沉着；肾脏肿大，呈花斑样，肾小管内充满尿酸盐，输尿管扩张、变粗，内有尿酸结晶，严重者可形成尿酸结石。少数病例皮下疏松结缔组织亦有少量尿酸盐沉着。关节型病例可见病变的关节肿大，关节腔内有多量黏稠的尿酸盐沉积物。

(四)治疗方法

发病鹅群停用抗菌药物，特别是对肾脏有毒害作用的药物。饮水中添加肾肿灵等，大黄苏打片1.5片/千克体重拌料，连用3～5天。

(五)防治措施

改善饲养管理，调整饲料配合比例，适当减少蛋白质饲料，同时供给充足的新鲜青绿饲料，添加充足的维生素。在平时疾病预防中也要注意防止用药过量。

第九章　鹅场的经营管理

第一节　鹅场生产前的市场调查

行情预测有利于企业或养殖户把握商机,规避风险,实现盈利目标。准确预测行情必须经过科学、准确和全面的市场调查。市场调查对于养鹅企业或养鹅专业户把握市场供需变化,按市场需求组织生产,开发新产品,促进鹅产品销售,提高经营管理水平等都具有重要的作用。同时,通过市场调查,可为饲养时间、品种和规模的确定以及市场销售预测等提供科学依据。未进行市场调查或市场调查不准确而盲目进行投资、生产或扩大养鹅规模,不但达不到盈利的目的,反而会导致巨大的经济损失。

一、市场调查的作用

市场调查可为确定养鹅方向、规模以及经营思路提供依据,是提高经济效益的必要条件。通过市场调查,便于企业对现有营销策略及营销活动的得失提出实事求是的意见和建议。市场调查能够让企业把握消费需求的发展趋势及消费者潜在购买动机,为企业发展提供新契机。市场调查对于企业的营销决策至关重要,如果不经过准确而充分的市场调查,将可能导致经营者出现由于对消费者购买心理的错误判断而市场定位偏离、销售渠道选择错误、不切实际的定价、无法掌握市场变化等情况。

二、市场调查的内容

市场调查贯穿于养鹅生产和销售的始终,一个企业或一个产品从它的产生、成长到发展,都离不开市场调查。针对养鹅业,市场调查的主要内容包括 4 点。

(一)我国养鹅业的现状及居民消费习惯

我国是水禽生产大国,水禽产量占世界的 60％以上,其中鹅的产量约占世界的 86％。2001 年,我国鹅的饲养量达 6.7 亿只,比 2000 年上升了 21％。江苏是我国鹅第一生产大省,年养鹅 7000 万～9000 万只。第二生产大省是山东,年养鹅约 5500 万只,其次是四川、吉林、黑龙江、福建等,年养鹅 3000 万～4000 万只。

由于鹅以饲喂青绿饲料为主,很少使用药物,在消费者心目中已逐步将鹅肉列为绿色、安全食品,消费量以很快的速度上升。分析鹅的消费习惯,从南到北,广东省的鹅消费主要集中在汕头地区,以食肉为主,节日、红白喜事和待客是消费主导方式。市场加工鹅主要是红烤和白切;鹅头、鹅蹼在饭店销售价格高,属高档消费食品。鹅的深加工产品正在开发之中,但由于广东饲养鹅的品种体形大、肉质一般,加之消费方式习惯的影响,市场前景还很难预测。福建、浙江、江西等的消费以红烧鹅为主,加上一些麻辣风味,近年来消费不断增加。传统的腊鹅是广大农村消费的主导,长盛不衰。多少年来逢年过节,腊鹅是农家餐桌上的主菜。江苏省的消费主要为两个部分:一是以常熟(包括常州、南京等市)为代表的红烧鹅,作为主菜招待来宾。二是以扬州盐水鹅为代表的菜,千家万户消费,仅扬州市就有 2100 多个盐水鹅滩点。扬州市盐水鹅年消费达 1600 万只以上。近几年来,扬州部分企业开发的传统风鹅加工业高速发展,加工企业在短短 3 年多时间里就已发展到了四十多家,年加工8000 万只以上,并向周边地区发展,产品销往全国 20 多个省市。

北方各省市鹅蛋的消费是重要的组成部分。如已婚妇女回娘家,把鹅蛋用草串起来,送给父母是较常见的礼节。因而北方的鹅种产蛋多、蛋重大。北方鹅肉加工也在不断发展,部分企业开始进行一些深加工开发,并已有批量产品投放市场。使用鹅的填肥技术生产鹅肥肝,向欧洲及西方国家出口,也是东北各省发展养鹅业的主要发展方向。

(二)销售渠道

销售渠道调查主要包括三方面。

1. 及时掌握市场需求

通过对国内外市场上鹅及其加工产品的需求情况进行充分调查,了解影响需求变化的诸多因素,如鹅产品生产、消费习惯、生活水平和人口变化等。调查时,不但要注意现有购买力的需求,还需要调查潜在的市场需求和消费人群。

2. 消费者和消费行为的调查

消费者和消费行为的调查包括购买对象、购买动机、购买力、购买方式等调查。

3. 销售渠道的调查

销售渠道的调查包括现有销售渠道是否合适,扩大销售渠道、减少中间环节是否可能,中间商的销售情况分析等。

目前常见的销售渠道有:

(1)农贸市场零售。销售数量相对有限,且销售时间长,从规模经营的角度看,该销售方式存在鹅舍利用率不高、资金周转期比较长等缺点。

(2)商品肉鹅经纪人上门收购。能实行全进全出制,可有效提高固定资产利用率,加快资金周转,可产生规模效益。一般经纪人收购价较市场价略低一点,但考虑到运输损耗及成本的因素,还是可以接受的。

(3)大型加工企业收购。可以建立长期的合作关系,签订相应合同,双方利益均能得到有效保护。这是一个较好的销售形式,能达到养鹅盈利的目的。

(4)建立与饭店、鹅餐馆、鹅屠宰场等的长期供货关系。这种形式与企业收购的销售形式相似,是一种利润能得到有效保证的方式。

(三)价格行情

价格行情调查包括本企业产品定价是否适宜、产品价格的变化趋势、产品供求关系及需求弹性、价格变动对销售量的影响、价格对竞争的影响等。

(四)现有生产情况

调查拟投入产品的生产现状,重点调查本地区及邻近地区本产品的种源情况、生产规模、饲养管理水平、商品鹅的供应能力及其变化趋势,以及本地区和邻近地区是否有大型鹅产品加工企业等。

三、市场调查的步骤和方法

养鹅企业或养鹅专业户在开始养鹅前,都必须进行充分的市场调查,获得与养鹅生产和销售有关的大量信息,形成一个较为全面科学的调查结论。

(一)市场调查的对象

市场调查分为投资前的市场调查和生产过程中的市场调查,但调查的对象基本是一致的,主要有大型养鹅企业的管理者、技术人员、销售人员、消费者、产品营销人员或经纪人、鹅产品加工企业、主要的消费场所(如饭店、烤鹅店)等。这些调查对象对鹅产品的生产和销售具有较为丰富的实践经验和值得总结的教训,他们对市场有着较为深刻的理解,调查者能从中得到最为广泛、最为客观、最有价值的信息,对调查工作可起到事半功倍的效果。

(二)市场调查的步骤

为了使市场调查有目的、有计划、有组织地进行,市场调查必须遵循一定的步骤。

1.确定调查目标

进行市场调查,首先要确定调查目标,明确进行调查所要解决的问题。

2.制订调查方案

目标确定后,就应制订调查方案。调查方案是对某项调查本身的设计,包括调查的目的要求、调查的具体对象、调查的内容提纲和调查表格、调查的范围、调查资料的收集方式等。它是指导调查实施的依据。调查计划是指对某项调查的人员配备、调查进度、完成期限、费用预算等的预先安排,目的是使调查工作有计划、有秩序地进行,保证调查方案的实现。

3.实际调查

实际调查的效果直接取决于调查人员的素质,因此,要加强对调查人员的培训,使之明确调查方案和掌握调查技术。在实际调查中,调查人员应根据调查方案,通过各种途径,尽可能收集现有资料,同时还必须深入实际收集第一手资料。

市场调查的结果不仅仅表现为估算值,代表市场状况的可能情况,而且由于市场调查方法不同,将会有不同结论。故执行市场调查之前,必须拟订正确的市场调查计划,调查之中避免误差,慎作调查结论,方能产生全面、正确的市场调查结果。

(三)市场调查的方法

选择正确的市场调查方法,才能获得良好的调查结论。市场调查的方法主要有 3 种。

1.询问调查法

询问调查法是根据拟定的调查事项,通过面谈、电话、书信、电子邮件等方式向被调查者了解情况、收集资料的调查方法,是最常用的调查方法。

2.观察调查法

观察调查法是由调查人员到调查现场进行直接观察,取得第一手资料的方法。这种方法的特点是调查人员与被调查人员不发生接触,而由调查人员直接地或借助仪器把被调查者的活动按实际情况记录下来。其优点是被调查者的活动不受外在因素影响,因而取得的资料比较真实可靠。其缺点是不能了解被调查者内在因素的变化,如消费心理的变化、购买动机等,且花费的资金多、时间长。

3.实验调查法

实验调查法是通过在小范围内进行小批量的实验性销售和试用等方式,从购买对象和试用者的反应上,收集产品品种、规格、质量、价格、包装等方面信息的一种调查方法。

小规模养鹅企业或专业户常用的调查法是询问调查法和观察调查法两种,通过他们耳闻目睹所获得的有价值的信息,进行分析、判断,最后得出自己认为可以相信的结论,从而决定其下一步的行动。

总之,市场调查工作对企业来说是非常重要而又容易被忽视的工作。市场调查工作关系到企业的兴衰存亡,越来越多的企业真正认识到市场调查工作的重要性,认识到市场调查工作是企业的法宝,是企业的生命线,真正重视市场调查工作,科学地、系统地进行市场调查工作,在激烈的市场竞争中不断取得成功。

四、市场预测与规模的确定

(一)市场预测的内容

市场预测的内容比较广泛,凡是能够引起市场变化的因素都是预测的内容,都包括在内,但预测不能盲目进行,必须有一定的重点和针对性。

1.市场需求预测

市场需求预测是通过对鹅产品在市场上的销售状况和影响需求的各种因素进行分析与判断,以预测市场的需求量与发展变化趋势。它包括两个方面的内容:一是预测市场对本企业产品的品种、规格、质量、包装等的需求量与要求,这是市场预测的重点;二是对影响市场需求量的因素进行分析与判断。通常,影响市场需求量的因素有两类:一类是市场环境,如政府政策、经济发展状况、家庭收入、竞争情况等,这是企业本身不能控制的因素;另一类是促销,如广告、推销、展销、服务等,这是企业本身能够加以控制的因素。

2. 资源预测

资源供应直接关系到产品的生产,进行资源预测就是要对原材料、能源供应的保证程度及其价格变化情况,对资源的综合利用和发展趋势,对劳动力的来源及分配情况等进行预测。对市场相关产品情况进行预测,如猪肉、鸡肉、水产品等相关产品的产量和价格都会影响鹅产品的价格。如其他产品价格高,则鹅蛋、肉鹅价格会相应抬升,消费量会增加。

3. 技术发展预测

技术发展对产品发展具有决定性的影响。它不但能为市场提供各种新产品、新材料,从而影响老产品的市场销路,而且还能发展老产品的新用途,提高老产品的市场竞争能力。技术发展预测主要是对本行业现有该产品的技术水平和发展趋势,新产品发展趋势及本企业发展新产品的方向,新材料、新技术、新工艺的发展趋势及实现的可能性进行预测。

4. 预测国内外际经济形势和国家有关政策对养鹅市场的影响

市场的购买力与国内以及国际经济形势密切相关,经济发展速度越快,市场需求越旺盛。国家对农业的重视程度,在不同时期,都会由于政策不同而形成不同的市场购买力。

5. 预测本地区养鹅的数量、规模及分布等的变化情况

社会饲养量和上一年相比,如果规模明显增大,鹅产品价格就会下跌。整个社会饲养规模的变化可根据有关政府部门的统计和社会调查得知。

6. 预测消费者消费习惯的变化

随着人们生活水平的提高,消费观念也在发生变化。改革开放前,由于经济条件的限制,温饱问题尚未解决,人们买肉不注重肥瘦。现在随着生活质量的提高,消费理念、消费结构都发生了质的变化,瘦肉型、绿色食品成为消费者新宠,这都是消费习惯的变化。

(二)养鹅规模的确定

1.我国动物性产品消费结构现状

在我国居民的肉类消费中,猪肉和鸡肉的比例较高,其他肉类的比例偏低。我国人均每天蛋白质消费水平不高,还没有完全解决居民的营养失调和营养失衡问题。因此,进一步提高我国居民的动物蛋白质消费水平,仅仅靠猪肉和鸡肉是不能达到的。通过一定的消费引导,把鹅产品推销给消费者还有相当大的市场空间。

目前,鹅类生产加工制品数量小,鹅产品加工制品朝多样化、营养丰富、方便卫生、物美价适的方向发展大有可为,市场呼唤着鹅类的深加工产品和类似洋快餐的终端消费方式。

2.经营方向

经营方向就是鹅场是从事单一性饲养还是综合性饲养。单一性饲养是指鹅场仅养肉鹅或种鹅,生产的产品即是商品肉鹅蛋或鹅苗;综合性饲养是指既养肉鹅又养种鹅。单一性饲养生产便于管理,经营单一,但在遇到行情不佳时,经济效益可能受到影响;综合性饲养则可能在一定程度上有个补充,但投入的资金相对较多,对管理的要求较高。究竟选择怎样的经营方向,要根据自身投资能力和管理水平而定,一般养鹅户采用单一性的比较多。

3.生产规模的确定

生产规模也就是一次或一批饲养鹅的数量。确定规模的主要依据有市场需求情况、投资者的投资能力、饲养条件、技术力量、苗鹅来源、饲料供应情况、交通运输及水电和燃料供应保障情况、管理水平等。生产规模的大小决定了生产效益和风险的大小,规模越大,效益和风险也越大,反之则越小。对于一般专业户来讲,需要提倡适度规模。规模越大,投入的资金过多,承担的风险就大,一旦遭到行情差或疫病等因素,可能会导致损失过大而遭受巨大打击,从此一蹶不振。但规模过小,又可能无法见到养殖效益,即使在行情非常好的情况下,也无法累积足够的资金扩大再生产。另外,对于初次从事养鹅生产的养殖者来讲,起初规模不宜过大,应先积累一定的饲养经验,并对市场有所了解后再扩大规模。

建议养肉鹅的规模以每批 500～2000 只较为适宜。当然,要根据当地的销售情况及自身的能力确定。

随着经济全球化步伐的加快,我国鹅产品将大面积参与国际市场竞争,养鹅业既面临良好的发展机遇,也面临前所未有的挑战。针对这一状况,养殖户应结合实际鹅产品消费市场需求,认真考虑分析,以满足供应为主,保证正常出栏,补苗时根据市场行情变化及时作出调整,且不可盲目跟风。从整个行业发展趋势来看,养鹅业仍具备广阔的发展空间。养鹅的附加值较高,除基本的鹅肉、鹅蛋产品,还有鹅肝、鹅掌、鹅肠、鹅绒等利润空间更高的副产品,为鹅产品深加工多元化发展奠定了坚实的基础。只要我们充分利用我国家鹅丰富的种质资源,加强品种选育工作,采用先进的规模化饲养模式,进一步延伸产业链,养鹅业还会产生跨越式发展。

第二节　养殖模式选择

近年来,随着国民经济的增长,我国畜牧业也在迅猛发展,畜牧业总产值占农业总产值比例在逐年提高。然而在畜牧产业不断发展壮大的良好态势下,它的发展也迎来了新的亟待解决的问题,如环境污染问题、食品安全问题、生产效率低下以及劳动力短缺问题等。随着建设社会主义新农村举措的兴起,对畜牧养殖业也提出了新要求,即改变以往落后的养殖模式,发展绿色无污染、可持续发展的畜牧养殖业。因此,发展绿色生态养殖是一种适应养殖模式发展方向的新思路,也是畜牧业长久健康发展的必由之路。

绿色生态养殖是指按照生态学、动物学和经济学原理,应用系统工程方法,因地制宜地规划、设计、组织、调整和管理畜禽生产,以保持和改善生态环境质量,维持生态平衡,保持畜禽养殖业协调,提高产品品质,促进可持续发展的生产模式。

一、传统养殖方式的弊端

在传统农村散养中，由于养殖环境较差，一些病原菌长期存在，威胁着动物健康，一些养殖户把抗生素类药物作为饲料添加剂使用，有的甚至添加氯霉素、呋喃类等违禁药。长期大量使用抗生素，会降低机体的免疫功能，造成机体消化功能紊乱和细菌产生耐药性，这也会对人类自身健康及环境安全造成不利影响。在当前的养殖模式下，多数养殖户的养殖区和生活区不能完全分开，有的养殖舍和生活起居在一个庭院，这样的养殖环境和养殖方式对养殖者本人的身心健康也是一种极大的威胁。

二、绿色生态养殖模式建立迫在眉睫

基于传统的养殖模式不利于动物的福利和健康，不能充分利用有限的资源，严重影响了生态平衡和农业可持续发展，同时影响畜禽肉质绿色生态养殖模式的构建等众多问题的存在，绿色生态养殖模式的建立已经迫在眉睫，因为绿色生态养殖模式的建立可以避免这些问题的产生。

三、绿色生态养殖模式的概念及其优势

绿色生态养殖模式所涉及的领域包括畜牧业、种植业、林业、草业、渔业、农副产品加工、农村能源、农村环保等，是多个有机农业企业组成的综合生产。绿色生态养殖模式把种植、养殖、安全防控合理地安排在一个系统的不同空间，既增加了生物种群和个体的数量，又充分利用了土地、水分、热量等自然资源，有利于保持生态平衡。通过植物栽培、动物饲养、牧地系统组合，充分利用了可再生资源，变废为宝，为土壤保持改良、农业可持续发展提供了新思路。

在实施过程中应尽量减少畜禽对外部物质的依赖，强调系统内部营养物质的循环。也就是说，生态畜禽养殖不是单一的养殖，而是强调种养结合、农林牧副渔合理配置，从而实现营养物质循环利用的综合农业系统。

加强环境保护工作是新型生态养殖业可持续发展的必由之路，大力

提倡沼气池发酵技术是发展新型生态养殖小区的一个可行途径。以前由于分散养殖,无法利用沼气池发酵处理养殖污物。利用沼气池发酵技术建设生态养殖小区,使养殖与环保相结合,避免了先污染后治理的老路,有利于农村的生态环境,使养殖业能够持续协调发展。根据集中养殖、分散经营的模式,畜牧兽医主管部门可以定期进行养殖新技术的宣传和推广工作,帮助广大养殖户建立合理的疫病防疫程序,进行改良品种的推广工作。建立生态养殖小区以后,备有专门的隔离圈,引进的畜禽在进行隔离驱虫并确认健康后方可进入养殖小区,大大降低了外来疾病传染的危险。

建设一批标准化的生态养殖小区,发展新型畜牧业综合立体循环养殖是现代养殖业发展的必然趋势。生态养殖小区建设必须由当地政府统一规划,本着和谐发展的原则,选择在居民点的下风向,地势高燥,土质透气透水性好,方向朝阳,远离交通要道和居民区。养殖圈舍最好统一建设,以便于管理,防止各养殖户各自为政,出现与整体规划不协调的现象。投资可以采取租借给养殖户的方式收回。具体养殖场地的建设可以根据当地畜牧兽医主管部门的意见,本着实用、便于疫病控制、建设生态养殖小区的原则建设。一个养殖小区建好之后应该配备一些人员专门从事公共区域的卫生消毒工作和公共设施的运转工作。

四、绿色生态养殖模式实例

(一)鱼鹅混养模式

鱼鹅混合养殖,实施水下养鱼、水上养鹅,是一种立体综合养殖模式,是一项高效、低耗的良性生产和生态系统,不但可获得水禽产量,同时也较大幅度地提高了水域养鱼产量和经济效益。

1.养殖水域条件

养殖水域主要以 20~150 亩(1.33~10 hm^2)的鱼塘和小型水库为主。水深为 3~15 m,水源充足,水质良好,天旱不干枯,无有毒、有害的污染物流入,排灌方便,背山向阳,日照时间长,交通便利。

2.鹅舍建造

在平坦的塘库旁,坐北朝南,光照充足,通风干燥。冬季能密封保温,夏季能通风降温,雨季排洪排水良好。鹅舍面积以每百只鹅 20～25 m² 为宜,平均每间 100～150 m²。一般用砖砌或竹木围栏,地面水泥硬化,有利清洗清毒卫生工作。在鹅舍前方应设有鹅群活动场,其面积可与鹅舍面积相等,有条件的可比鹅舍大 1～2 倍。场地土质要结实、平整,略向水域方向倾斜,坡度不超过 30°为好。夏季活动场可种植一些树木和瓜果或搭棚遮阴,以防暑降温。在靠鹅舍前方水面,应用网片或竹帘围栏,供鹅群下水活动。网片或竹帘应高出水面 60～80 cm,入水 50～70 cm,使围栏的鹅群不能外出,而鱼类又可以从网片或竹帘内外自由出入觅食。水面围栏面积一般约占塘库面积的 1/3。

3.放养前准备

清除鱼塘、水库周围的杂草、杂物,建好拦鱼设施,疏通排水口。山塘水库容量大,清塘消毒应选在冬季枯水期。捕完鱼空塘后,此时消毒可大幅度减少清塘用药量,减少生产成本。鱼种下塘前,用 2‰～3‰ 的食盐水溶液浸浴鱼种 10～15 min,以防鱼体损伤感染和鱼病菌带入塘库内。草鱼种可注射疫苗进行免疫预防。鹅舍、鹅场用 20 mg/L 漂白粉溶液泼洒消毒。

4.鱼鹅种苗放养

鱼种放养以肥水性和杂食性鱼类为主,少量放养草食性鱼类。放养主要鱼类品种有鲢鱼、鳙鱼、草鱼、建鲤、彭泽鲫、团头鲂等,一般亩放养鱼种 600～800 尾。每亩水面养鹅 100～150 只,每年养 3～5 批,每亩水面年养鹅 450～750 只。

5.鱼鹅混养饲养管理工作

(1)养鱼管理。清塘,消毒鱼种下塘前,每亩 1 m 水深用茶麸 50 kg 打碎泡水一天一夜后全塘泼洒,再用生石灰 100 kg 水溶解全塘泼洒。7～10 天毒性消失后可放鱼种养殖。鱼种,消毒鱼种落塘前,用 3‰ 食盐水浸浴鱼体表 5 min,杀灭细菌和寄生虫,草鱼种则注射疫苗进行免疫预防再落塘养殖。科学投喂投饲要做到"四定"(定时、定质、定量、定点)。每7～10天要用1 mg/kg漂白粉化水全塘泼洒,或每亩每1 m水深用生石灰20 kg化水溶化全塘泼洒。适时开动增氧机。防止鱼类泛塘浮头。适时投喂药饵,增强鱼体抗病能力,促进生长。

(2)养鹅管理。科学饲养,做到饲料合理搭配,定时定量饲喂,不喂霉烂变质饲料,饮水清洁充足,温度、湿度、密度适宜,空气新鲜。防疫治病,搞好鹅棚清洁卫生,坚持消毒。清洗鹅棚,外人不能随便进入鹅棚,消灭传染病源。按免疫程序要求,定期接种疫苗。

走鱼鹅混养的综合养殖之路,经济效益、社会效益和生态效益显著,有着广阔的发展前景。

(二)田间养殖模式

该模式的优点:一是投资少、简便、省事,一般农用闲居房屋皆可。二是充分利用自然资源,水稻收割后,田间杂草、掉落的稻穗、未成熟的稻粒及各种草籽都是鹅的好饲料。三是减少作物来年病虫害。四是禽粪可以肥田,减少化肥造成的环境污染。五是提高了肉质风味,适应了市场需求。

近年来,不少养殖大户采用大田移地转场放牧,即在某个地方放牧一段时间,再转移到另一个地方去放牧,其好处是减少环境中病原的含量,防止交叉感染,减少疾病的发生和传播。同时通过移地转场,老场地也能及时得到自然净化或疾病防控处理。

(三)鹅-沼-果生态模式

鹅-沼-果生态模式饲养的鹅日增重和饲料利用率都很高。这是由于鹅可及时利用果园青绿多汁饲料,补充动物所需的维生素和矿物质,同时果园环境空气清新,适于动物的生产。养鹅场采取"鹅场＋粪便处理生态系统＋废水净化处理生态系统＋耕地还原系统"的人工生态畜牧场模式。粪便进行沼气发酵,并合理利用沼气产生的电能。发酵后的沼渣可以改良土壤的品质,保持土壤的团粒结构,使种植的瓜、菜、果、草等产量颇丰,池塘水生莲藕、鱼产量大。利用废水净化处理生态系统,将畜牧场的废水及尿水集中控制起来,进行土地外流灌溉净化,使废水变成清水循环利用,从而达到畜牧场的最大产出。这样的绿色生态系统,改善周围的环境,减少人畜共患病的发生。这种循环经济有利于畜牧业的持续发展,可以为其他大型养殖场起到示范带动的作用。

(四)生态园区模式

生态园区模式是值得推广的一个人造的大自然生态群落。生态园内的养殖是一种立体养殖,模式有猪、鸡、鱼,或牛、鹅、鱼,或羊、鸡、鱼等饲养园。此外,还有野生动物园、珍禽园以及各种珍稀林木等。这种养殖模式的优点是:

(1)可供人们旅游、观光、娱乐、休闲,享受高山流水、闲云野鹤式的田园风光。

(2)为科研提供实习基地,有利于探索更先进的畜牧理念。

(3)科学地利用荒山,绿化、美化环境,创造独特的人为景观。

(4)科技园内由于养殖种类多、投资大,吸引一批高素质的专业技术人员和科研人员,由他们提供技术服务,更有利于疫病控制和科学管理。

(5)科技园虽然投资较大,但由于经营种类和项目多,且都是一环套一环,既充分利用了自然资源又节约了成本,更有利于宏观调控。

总体来说,新型绿色生态养殖模式是生态养殖与社会经济的完美结合,是科学的、先进的理念应用于畜牧业。应作为我国种植-养殖-环境一体化的具体实施途径,尤其是建立现代化养殖场中解决畜禽粪尿处理,改善环境,节约精料投入,提高经济、社会、生态等综合效益所应参照的系统模式,也是有机肥多重循环利用的有效途径。绿色、环保、高效是现代养殖业发展的必然趋势,动植物间综合利用资源,可促进养殖动物健康、快速生长,降低生产成本,减少环境污染,保护生态平衡,具有明显的经济效益和社会效益。

第三节　怎样办好一个养鹅场

一、降低生产成本的途径与方法

养鹅的生产成本,主要由饲料、固定资产折旧、工资、防疫、燃料动力、其他直接费用和企业管理费等组成。饲养每批种鹅或商品肉鹅,均应该算成本,并通过成本分析,找出管理上的薄弱环节,采取有效措施进行改进,以不断提高经营管理水平。同时,精确核算生产成本,才能准确计算出利润。降低生产成本,不仅可直接提高经济效益,还可增强产品的竞争力。降低生产成本的重点是降低饲料费用支出,提高成活率和饲料转化率。降低养鹅生产成本的措施主要有 3 项。

(一)降低饲料费用支出

在养鹅生产中,饲料费用是鹅场的一大笔开支,占生产成本的60％～70％,所以降低饲料成本是降低生产成本的关键。具体措施如下:

(1)合理设计饲料配方,在保证鹅的营养需要前提下,尽量降低饲料价格。

(2)控制原料价格,最好采用当地盛产的原料,少用高价原料。

(3)周密制订饲料计划,减少积压浪费。

(4)加强综合管理,提高饲料转化率。

(二)减少燃料动力费开支

燃料动力费占生产成本的第三位,鹅场的燃料动力费主要集中在育雏舍和孵化室。减少此项开支的措施如下:

(1)育雏舍供温采用烟道加温,可大大降低鹅场的电费。

(2)在选择孵化机时,要选择耗电量低的。

(3)在孵化后期采用我国传统的孵化方法——摊床孵化,利用蛋的自温孵化。

（4）加强全场用电管理，按规定照明的时间给予光照，加强全场灯光管理，消灭"长明灯"。

（三）节省药物费用支出

在鹅场的防疫管理方面，坚持防重于治的方针。

首先，在进雏鹅时，要了解该种鹅场的防疫情况、是否带有某种传染病。

其次，商品肉鹅的鹅苗来源不宜从多个场引进，最好从固定的几个种鹅场进苗，以便于传染病的控制。

最后，做好鹅场净化工作，患病鹅应及时隔离，及时淘汰。对鹅群投药，宜采用以下原则：可投可不投的，不投；剂量可大可小的，投小剂量；用国产和进口药均可的，用国产药；用高价和低价药均可的，用低价药。

二、管理出效益

养鹅场成本主要包括饲料费、管理费人工费费、资产折旧费等，估算其比例如表 9-1 所示。

表 9-1　　　　　　　　　　　　　　　成本比例

鹅苗费	饲料费	工人工资和福利费	水电费	防疫费	固定资产折旧费	资产占用利息	管理费	其他费用
12%	65%	7%	0.2%	0.3%	4%	3%	5%	3.5%

可以看出，饲料费所占比例远远高于其他成本，因此很多人认为若要降低一个鹅场的总成本，关键在于饲料，所以他们想尽各种方法来降低饲料成本。其实这种认识是片面的，饲料成本的确是总成本中比例最大的一部分，也对总成本构成有很大的影响。但是，如果一味地降低饲料成本，反而会适得其反。例如有些养殖户为了节省总成本，强制减料、降低饲料成本，导致鹅营养供给不足，影响了鹅的正常生长和生产，从而出现鹅生长缓慢、瘦弱、产蛋率低，甚至出现病死现象。这样一来，鹅场成本不降反升，甚至亏本。这里所说的降低饲料成本，必须建立在能够保障鹅的营养基础之上。若要使鹅场赢得最大利润，不管如何降，饲料费也不能够低于某一标准。因此，凭借改变饲料成本的高低来影响总成

本,伸缩性并不大。

鹅场总成本的高低主要取决于管理方法,每一个具体的、细小的步骤。都可能会给总成本造成很大的影响。管理成本的有效降低必须做好两方面的工作。

(一)提高种蛋孵化率

提高种鹅的种蛋孵化率,可以最大限度地利用种鹅,使其发挥最大的经济效益。提高种蛋孵化率,必须做到以下几点:

(1)饲养高产健康种鹅,保证种鹅质量(严格选择公鹅,保持合理的公母比例,加强防疫,做好疫病净化工作,供给种鹅优质的全价饲料,控制种鹅的利用年限,加强日常管理)。

(2)加强种蛋的管理(及时收集种蛋,严格进行种蛋的选择、消毒、保存、包装和运输)。

(3)精心孵化(可分为摊床孵化和机器孵化法)。

(4)提供适宜的孵化条件(温度、湿度、通风换气、翻蛋和凉蛋)。

(5)做好孵化记录和孵化效果分析。

(6)加强孵化场(厂)的管理(经营管理、卫生管理)。

(二)保证雏鹅成活率

保证雏鹅的成活率,可以有效地提高鹅场的生产效率,但必须注意以下几点:

(1)做好育雏前的准备工作。

(2)选择适宜的加温方式。

(3)选择适宜的育雏方式,降低育雏成本。

(4)提供适宜的环境条件。

(5)让雏鹅尽早下水。

(6)加强雏鹅的饲养。

另外,为提高肉用仔鹅的饲养效果,要选择适宜的饲养方式、饲养管理方法和合适的上市日龄。对于种鹅,合适的管理方法对于提高种鹅产蛋率及种鹅受精率至关重要。

三、安全生产质量控制

(一)对鹅饲养环境的认识误区

1. 鹅舍建筑不合理

不少养鹅户为了节约资金,在场址的选择和鹅舍的建造方面舍不得多投入,鹅舍建筑不合理。大部分鹅舍为改造的旧房或简易大棚,冬季保温性能差,夏季舍内空气不流通又无通风设备,无法防暑降温,环境恶劣,不但鹅的生产性能得不到充分发挥,还容易导致经常发病。

2. 鹅群过分密集,相互间距离太近

尤其是养鹅专业村,几乎家家都养鹅,养鹅规模大小不等,有的几十只,有的上百只、上千只。这种多批次、多品种、多日龄的鹅群集聚在一个小的区域范围内,人员、车辆不经消毒往来频繁,无序的生产使饲养环境日益恶化。

3. 卫生防疫意识差

不能严格执行隔离制度和消毒制度,养鹅场(户)之间关系密切,频繁往来。发现病鹅不能及时采取隔离措施,甚至将死鹅随地剖杀或乱扔而不做深埋处理。鹅粪到处堆积,污水没有做无害化处理。一旦发生疫情,极易造成交叉感染。

4. 免疫不合理

(1)有的养鹅户直接用加入漂白粉的自来水稀释疫(菌)苗,有的直接用未经处理的硬度高的水稀释疫(菌)苗。由这些水稀释的疫(菌)苗,其免疫效果下降。

(2)操作方法不当。在点眼、滴鼻时不能确保适量的疫(菌)苗吸入其鼻中或滴入眼内,因而造成免疫剂量不足。在饮水免疫时水量太少,致使部分鹅喝不到或喝不足,或饮水在短时间内不能喝完而造成疫(菌)苗的效价降低,导致免疫剂量不足。这些都使免疫达不到预期的效果。

(3)生产疫苗的厂家众多,有的质量好,有的质量差。有的经销商在运输、保存过程中没有按要求储存,可能造成疫(菌)苗失效或质量下降。

而养殖户如果贪图便宜购买此等疫（菌）苗，免疫必然失败无疑。

（4）有些养殖户错误地认为，只要使用疫（菌）苗就能控制传染病。实际上，要保证鹅群健康，既要按免疫程序接种，又要加强饲养管理，提高鹅体抵抗力，以减少疾病的发生。

（5）有些养殖户不根据鹅群健康和应激因素状况决定是否实施免疫，在鹅体状况不佳和转群、断喙等应激或鹅群正在发病时接种疫（菌）苗，其结果可能引发大群发病。

（二）阻断病原体的传播，改善鹅的饲养环境

1. 传染病及其流行特点

鹅的传染病多种多样，但一般都是由特定的病原微生物（如病毒、细菌、真菌、霉形体等）通过某种途径侵入鹅体而引起一系列的病理变化。如高致病性禽流感其中之一是由 H_5N_1 亚型病毒引起的。这种传染病的流行过程就是从个体感染发病到群体发病的过程，必须具备传染源、传播途径和易感动物这 3 个基本环节，而只要缺少其中任何一个环节，新的传染就不可能再发生，也就不可能构成传染病在鹅群中的流行。即使流行已经形成，只要切断其中任何一个环节，流行即告终止。

传染源即传染病的来源，具体说就是患传染病的鹅和带病原体的鹅，它们是构成传染病发生和流行的最主要条件。

传播途径是指病原体从传染源排出后，经过一定的传播方式再侵入其他易感鹅体所经过的途径。大多数传染源都是通过传播媒介将病原体传播到易感鹅体这种间接接触传播的方式进行的。其传播媒介可能是生物（如蚊、蠓、蝇、鼠、猫、狗、鸟类等），也可能是无生命的物体（如空气、饮水、饲料、土壤、飞沫、尘埃等），还可以通过人员传播，特别是饲养人员、兽医、参观者、运输车辆和饲养管理用具等，这常常是病原体的携带者或传播者。所以，了解传染病的传播途径，将有助于切断病原体的继续传播而达到防止易感鹅体遭受感染。这是防止传染病发生和传播的一个重要环节。

易感动物（鹅）是指对某种传染病病原体具有敏感性或易感性的动

物(鹅)。其易感性的有无和大小直接影响传染病能否造成流行及疾病的严重程度。

原本易感的机体或因接种疫(菌)苗而获得特异性的抵抗力称为"主动免疫方式",而由注射了高免血清、高免蛋黄或直接由母体获得的抵抗力称为"被动免疫方式",它们都可以使易感动物(鹅)变为不易感动物(鹅)。

了解传染病及其流行特点,从中找出规律性的东西,进而采取相应的措施来中断流行过程的发生和发展,就可以达到预防和控制传染病的目的。

2.做好隔离与消毒工作

为了取得良好的经济效益,养鹅场必须做好隔离与消毒工作,才能消灭传染源,切断传染途径,防止病原体传入。

(1)未经严格检疫的外地引进鹅群不能进入鹅场,受污染而未经消毒的设备、物品律不许带入鹅场。鹅场及孵化工作人员不许在场外及自己家中饲养其他家禽和从事与禽群有关的业务,养鹅场工作人员所需的蛋和肉产品,必须经过严格的检疫。

(2)严格消毒制度。消毒的范围包括周围环境、鹅舍、孵化室、育雏室、饲养工具、仓库等。平时应在鹅舍进出口设立消毒池、洗手间、更衣室等。鹅场周围环境一般每季度或半年消毒 1 次,在传染病发生时应立即进行彻底消毒。孵化室应在孵化前和孵化后进行消毒。鹅的粪便和污物要经过无害化处理,保护环境不受污染。

(3)本场人员进入生产区必须更衣换鞋,有条件的鹅场要淋浴更衣。严格禁止外来人员和车辆进入养鹅生产区。

3.实行全进全出的饲养制度

全进全出饲养制度的生产程序包括全群同期进场(舍)、全群同期出场(舍)及全场消毒、鹅舍空闲 3 天。全进全出制的最大特点是在一定时间内全场(舍)无鹅,可进行全面消毒,既消灭了病原体,又杜绝了疾病互相传染的途径,从而有利于鹅群的健康和安全生产。同时,由于鹅群在同一个场或同一栋鹅舍是同一个日龄,必然有利于鹅群的管理和统一实施技术措施。

4.建立安全生产的饲养小区

目前，一些养鹅专业村从生物安全的角度考虑，统一规划，变个体分散饲养为合作社式的统一管理，建立专业村的养殖小区。养殖场地的选择要充分利用自然物质流动能量转换规律，以最低能耗为原则，符合动物的防病规则，避免交叉感染，远离养殖场和屠宰加工厂，交通便利，水、电、饲料供应便利，位置要背风向阳，地势要高、干燥、通风良好，水质良好，使鹅群处于干燥和良好的卫生环境之中。最好建在山边或鱼塘、果林、耕地边，利于排污和污水净化。离居民区、工厂、学校 1000 m 以上。

饲养小区的建设布局一定要合理，要符合生产工艺流程。办公区、生产区与生活区要严格分开，必须有围墙。鹅舍之间间距必须大于 8 m，场内道路布局合理，进料和出粪道严格分开，防止交叉感染，同时做好厂区绿化工作。

5.制订适合本场的免疫程序

在当地兽医站和引种鹅场的指导下，制订适合本场的免疫程序、选择适宜的疫（菌）苗是免疫预防取得成功的先决条件，不能照搬常规或他人的免疫程序。进行定期的、有计划的预防接种，以提高鹅的特异性抵抗力，是预防和消灭传染病的重要措施，尤其是对鹅瘟、鹅病毒性肝炎、大肠杆菌病、巴氏杆菌病等重大疾病一定要实施疫（菌）苗预防。

四、养鹅的经济效益分析

（一）养鹅的成本分析

生产成本是衡量生产活动最重要的经济尺度。鹅场的生产成本反映了生产设备的利用程度、劳动组织的合理性、饲养技术状况、鹅种生产性能潜力的发挥程度，并反映了养鹅场的经营管理水平。鹅场的总成本主要包括三部分。

1.固定成本

养鹅场的固定成本包括各类鹅舍及饲养设备、孵化室及孵化设备、运输工具及生活设施等。固定资产的特点是使用年限长,以完整的实物形态参加多次生产过程,并可以保持其固有的物质形态,只是随着它们本身的损耗,其价值逐渐转移到鹅产品中,以折旧方式支付。

2.可变成本

用于原材料、消耗材料与工人工资之类的支出,随产量的变动而变动,因此称为"可变资本"。其特点是参加一次生产过程就被消耗掉,例如饲料、兽药、燃料、垫料、雏鹅等成本。

3.常见的成本项目

(1)鹅苗成本指购买种鹅苗或商品鹅苗的费用。

(2)饲料费指饲养过程中消耗的饲料费用,运杂费也列入饲料费中。这是鹅场成本核算中最主要的一项成本费用,可占总成本的60%～70%。

(3)工资福利费指直接从事养鹅生产的饲养员、管理员的工资、奖金和福利费等费用。

(4)固定资产折旧费指鹅舍等固定资产基本折旧费。建筑物使用年限较长,15年左右折清;专用机械设备使用年限较短,7～10年折清。固定资产折旧分为2种:为固定资产的更新而增加的折旧称为"基本折旧";为大修理而提取的折旧费称为"大修折旧"。计算方法如下。

每年基本折旧费＝(固定资产原值－残值＋清理费用)÷使用年限

每年大修理折旧费＝(使用年限内大修理次数×每次大修理费用)

÷使用年限

(5)燃料及动力费指用于养鹅生产、饲养过程中所消耗的燃料费、动力费、水费与电费等。

(6)防疫及药品费指用于鹅群预防、治疗等直接消耗的疫(菌)苗、药品费。

(7)管理费指场长、技术人员的工资以及其他管理费用。

(8)固定资产维修费指固定资产的一切修理费。

(9)其他费用指不能直接列入上述各项费用的费用。

(二)养鹅的利润分析

经济核算的最终目的是盈利核算,盈利核算就是从产品价值中扣除成本以后的剩余部分。盈利是鹅场经营好坏的一项重要经济指标,只有获得利润才能生存和发展。盈利核算可从利润额和利润率2个方面衡量。

(1)利润额是指鹅场利润的绝对数量,其计算公式如下。

利润额＝销售收入－生产成本－销售费用－税金

(2)因各饲养场规模不同,所以不能只看利润的大小,而要对利润率进行比较,从而评价养鹅场的经济效益。

利润率是将利润与成本、产值、资金对比,从不同的角度相对说明利润的高低。

资金利润率(％)＝(年利润总额÷年平均占用资金总额)×100

产值利润率(％)＝(年利润总额÷年产值总额)×100

成本利润率(％)＝(年利润总额÷年成本总额)×100

农户养鹅一般不计生产人员的工资、资金和折旧,除本即利,即当年总收入减去直接费用后剩下的便是利润,实际上这是不完全的成本、盈利核算。

下面是饲养肉鹅的经济效益分析,供养鹅场(户)参考。

1.假设条件

某农户购进雏鹅 1000 只,育雏期末存栏母鹅 920 只,饲养周期 75天,两批间隔 15 天,出栏体重 3.5 kg。

鹅舍投资 3 万元,使用寿命 15 年,残值为 0;设备投资 0.5 万元,使用寿命 15 年,残值为 0,每年的维修费 2％。饲料周转资金 4 万。

饲料消耗:育雏期 2.3 kg/只,育成期 11 kg/只。

饲料价格:雏鹅料 2.8 元/kg,育成鹅料 2.1 元/kg。

2.成本计算计算如下

鹅苗费用 1000 只×6 元/只＝0.6 万元

饲料费

育雏期 1000 只×2.3 kg/只×2.8 元/kg＝0.644 万元

育成期 920 只×11 kg/只×2.1 元/kg＝2.1252 万元

共计 2.7692 万元。

工人工资和福利费：工人 1 名。

工资 1 人×1500 元/月×3 月＝0.45 万元

福利 1 人×25 元/月×3 月＝0.0075 万元

共计 0.4575 万元

水、电费 0.035 万元

防疫费 0.05 万元

固定资产折旧费

鹅舍折旧(3 万元－0)÷15 年×0.25 年＝0.05 万元

设备折旧(0.5 万元－0)÷15 年×0.25 年＝0.0083 万元

鹅舍和设备维修费(3＋0.5)万元×2％×0.25 年＝0.0175 万元

共计 0.0758 万元。

资金占用利息(3＋0.5＋4)万元×7％(年息)×0.25 年＝0.1313 万元

其他费用 0.05 万元

合计以上成本,总成本为 4.1688 万元

3.产出部分

销售肉鹅收入 920×3.5×16 元＝5.152 万元

4.效益分析

纯收入 5.152 万元－4.1688 万元＝0.9832 万元

成本产出率 5.152÷4.1688×100％＝123.58％

成本利润率(5.152－4.1688)÷4.1688×100％＝23.58％

资金利润率(5.152－4.1688)÷(3＋0.5＋4＋0.1313)×100％＝0.9832÷7.6313×100％＝12.88％

投资利润率＝年利润额÷基本建设总投资×100％
＝0.9832×4÷3.5×100％＝112.37％

注:肉鹅的饲养周期为 3 个月,按每年养 4 批计。

主要参考文献

[1]杜文兴,姜加华,栾必荣等.科学养鹅一月通.北京:中国农业大学出版社,1998.

[2]魏刚才,常新耀,刘长忠等.实用养鹅技术.北京:化学工业出版社,2009.

[3]尹兆正,余东游,祝春雷等.养鹅手册.北京:中国农业大学出版社,2005.

[4]王恬,李建农,朱丽英等.鹅饲料配制及饲料配方.北京:中国农业出版社,2002.

[5]程春安,王继文,汪铭书等.养鹅与鹅病防治.北京:中国农业大学出版社,2008.

[6]袁日进,王勇,陆敬刚等.鹅高效饲养与疫病监控.北京:中国农业大学出版社,2003.

[7]国家畜禽遗传资源委员会.中国畜禽遗传资源志(家禽志).北京:中国农业出版社,2011.

[8]张仲秋,郑明,陈光华等.畜禽药物使用手册.北京:中国农业大学出版社,1999.

[9]韩正康,毛鑫智.家禽生理学.南京:江苏科学技术出版社,1986.

图书在版编目(CIP)数据

鹅规模化高效养殖关键技术/李慧芳,章双杰,薛
明主编.—济南:山东大学出版社,2019.9
  ISBN 978-7-5607-6462-7

  Ⅰ.①鹅… Ⅱ.①李… ②章… ③薛… Ⅲ.①鹅—饲
养管理 Ⅳ.①S835.4

中国版本图书馆 CIP 数据核字(2019)第 213624 号

策划编辑:李　港
责任编辑:李　港
封面设计:张　荔

出版发行:山东大学出版社
　　　　社　　址　山东省济南市山大南路 20 号
　　　　邮　　编　250100
　　　　电　　话　市场部(0531)88363008
经　　销:新华书店
印　　刷:济南华林彩印有限公司
规　　格:720 毫米×1000 毫米　1/16
　　　　13.25 印张　243 千字
版　　次:2019 年 9 月第 1 版
印　　次:2019 年 9 月第 1 次印刷
定　　价:35.00 元